鯨歌

看见

重塑一个全新的自己

SEEING
YOURSELF
ANEW

梅宝 —— 著

四川人民出版社

山河远阔，红尘烟火，皆因有你，得以具象。愿这本书对你是一个启蒙，感知自己的珍贵。

此书不仅在分享专业的知识和方法，也为读者提供了从了解到执行所需要的指导和帮助。包括思维定向、工具及应用方法，让读者不但能知其然，而且能知其所以然。

梅宝

开 篇

热身准备·自我识别

看重和接纳自己，将目光看向远方

教战篇
提升素质的方式

关于内省·自我识别
新形象建立的过程就是一个人再成长的过程

关于淑女·行为识别
现代淑女需要理解和坚持的标准

关于优雅·行为识别
培养一份了然于心的自信

赢得他人尊重的途径

得体的魅力·仪表识别

穿着的最高境界是适时适地适身份

风度与举止· 行为识别

一个人的风度与品位就在不经意的举手投足间

语言交流·行为识别
语言交流有高度和层级之分

非语言交流·行为识别
以肢体做表达，在开口前先赢得好感或注意力

不可或缺的TA·行为识别
与优雅女士交相辉映的秘诀

本真篇

回到初心·个别性识别

做真实的自己，从拥抱自己的软弱开始

附 录

开 篇

拓宽心的视野
才能感知世间的美好
在心里种一颗高贵又美好的种子
开始一段全新的人生成长历程

热身准备

看重和接纳自己，将目光看向远方

面对改变

在成长的过程中，我们经历着不计其数的改变。大多数时候我们是在不自觉的情况下已有了改变，但当某些客观条件迫使我们要做一些改变或我们面临是否需要改变的抉择时，内心难免是惶恐和失落的，因为在人的潜意识里，改变本身是要承诺、投资或者产生损失。

这些因面对改变而产生的负面心态，无关"对与错"或"好与坏"，因为毕竟熟悉的现状是一种安适，而改变的背后是一种未知，这种惶恐不安的心理是能理解的。因此在我的原创《形象设计系统》（"Personal Image System"）中，我把由一连串改变集结而成的新形象过程做了更人性化、合理化的元素排列：形象设计的第一步，是从自我识别 (self-identity) 中的自我认知 (self-recognition) 开始做起。这里说的自我 (self) 指的是个体对其存在状态的认知，包括对自己生理、心理状态，人格和性格特色的认知。

在自我认知的过程中，当事人会对自己内心真正的需要和自身的优劣势有一个客观又清楚的了解。这样一个自我审视的过程，就像是看清了手中的筹码，不但对"改变"一事会有不同的心态——改变本身并不可畏，而是要设立一个目标；也会使想要提升形象者能更有信心去完成目标，不至于在蜕变途中受到外界的干扰，甚至动摇了改变的决心。

自我识别和自我认知可以透过一些制定的模板自己进行，但最好是通过专家的专业知识来帮助自己寻找出真正属于自己的定位。无论是自己进行还是由专家带领，这个过程会让准备提升个人形象的人领悟到新形象建立的过程就是一个人再成长的过程。

回到这本书的主题：形象提升！

其过程约略是：

一、自我识别，在自我认知后订下初始目标——我想要改变成什么样子？

二、审视——我的期望是否合理？修正初始目标。

三、做形象提升的计划与执行方案。

四、学习与实践。

五、目标管理和定期评估，以确保建立的新形象已经就是本尊自己啦！

【梅宝心语】

在面对改变时只有先知其然，才不至于畏惧。如果不确定自己的形象是否需要提升，可以先问自己两个问题：自己想要做个什么样的人？想要追求什么样的人生？

与此同时，也可以想一想过往在朋友与同事之间所扮演的角色是否令自己满意？再把自己的靓照拿出来看看，照片中的那个人是否吻合自己心里的期望？

看清楚了，想清楚了，才不会让自己想改变的决心和行为时不时地受外力影响，甚至怀疑自己究竟在做什么。

该如何盛放？且问初心！

形象的创建和管理，其实并不复杂，就像我们想打扮自己，形象创建和管理只是比较全面，而且高瞻远瞩地把自己的人生价值也计划了进来。

形象提升的第一步是自我识别，直白地说，就是对自己的状态做审思和审视的工作。关于这一点，时不时地会有朋友反馈：我是老师的铁粉呀！对老师的专业建议一向是言听计从，但对"建立好的形象必须做出必要改变"一事，一直处在特别明白其中道理，但就是踏不出第一步的状态……自己是不是特别差劲？

亲爱的，我认为你们离"差劲"太远了！你们对讯息和新事物的关注就是"拥有一颗向上之心"的明证。

我想大家可能把不熟悉的事情想得复杂了一些，让我帮大家换一个方式来了解该怎么做：首先，要对自己的处境、状态有清楚的认识；再者，调整心态把自己重新定标、定位。新的定位当然要比现在的水平高，但不能是不切实际或遥不可及的高，以致让自己在达到目标的途中接受太多的打击，这种打击是没有必要而且是负面的！也就是说，我们第一个目标应该是可大可上不必高。

实际的做法有以下建议：

一、心态要对！达成目标最有成效的方法是把意志力设定为：帮助自己成功！所以，放下对自己的成见。要激励自己而不是惩罚自己！

瞧不起自己是一种最恶劣的自我惩罚！如果偶尔做了些无用的事，也没有关系，但不要执迷不悟地一边鄙视自己，一边继续做下去！就拿我们都会碰到的事情来说，偶尔看些韩剧，一边看一边很不屑地冷笑，结果看了好几集后才发现，天啊，豆瓣评分只有2.5！呃……接着转头又拿手机看了看淘宝，各种款式颜色的服饰琳琅满目，但看的都是绝缘体——好看的太贵，便宜的看不上！这又浪费了至少两个小时……不禁自问：我这是在干吗？浪费时间、浪费生命，尽做些无用的事！

事已至此，行吧！就发挥一下阿Q精神，与其惩罚自己，不如激励自己！把前面已经发生的事情当作是在放松，是在了解时尚潮流、收集市场资讯等，这对生活忙碌自我要求很高的人也算是另类的收获。总之，接受已经发生的事情，如果发觉不对，就立即转到正确的方向。

二、心态要好！在心里种一粒贵气又美好的种子……

我们可以这样下种子：
1.正面看事情！

例如, 不确定前面有没有车位, 把车子停得老远, 走到门口时发现好几个停车位, 这时候别想着说自己是不是傻呀? 刚才为什么没有开过来试试呢? 我们换个想法: 挺好的! 自己正好运动了一下, 让需要方便的人来享受这个好停车位。

2.刻意地提醒自己心情可以有多好!
没病、没痛的, 还有这么大的精力与时间来不满现状, 自己真是幸福又幸运!

即便你都做不到, 没关系, 不要想太多! back to basic, 拿出下面的法宝:

3.自我暗示!
给自己洗脑, 这个总会做吧? 每天早上起床对着镜子微笑, 告诉自己 "我" 很帅、很美丽、聪明又能干。虽然自己的优点还没完全发挥出来, 但至少是个有正能量的人! 如果老是感到别人看不起自己, 那可真是本末倒置哟!

三、有效率地学习! 人类的自然学习方式是模仿, 如果能找到一位想仿效的对象, 那么这将成为最有效率、最容易学习的方式。她/他可能是身边的熟人, 也可能是一位当代名人或一位历史人物。

怎么模仿? 从收集和观察这位榜样人士的穿着打扮、生活行为及人生态度开始。

如果你用力想了一下，还是没找到模仿的对象，没关系，继续找！还没扩大学习范围？没关系，先学会正面思考并看重自己！

当我们看重自己时，自我要求就会提高，在行为举止上自然会呈现出新气象！这会比用名牌包和漂亮衣服来装饰自己更让别人注目和妒忌！因为，再贵的东西只要狠下心刷卡就可以买！但充满阳光和朝气的行为举止可不是那么容易穿上身的！

该如何盛放？且问初心！让我们一起加油！

【梅宝心语】

建议将目标阶段化，即把大目标分成几个小目标。举例来说：赫本样貌高贵，举止优雅，是全球女性的榜样，可这么完美的榜样不是能一蹴可及的。如果以她做榜样，初始会感到步履艰难，而且一时半会儿也看不出什么成效。与其让自己感到非常气馁，甚至想放弃前进的计划，不如想个达成目标的策略。例如，先把榜样定在有类似生活背景的人士身上。因为接近自己的实际情况，小目标更容易达成，日后可以再一步步地向上推进，虽然是分期分段，却容易收获成功的果实。

多年的顾问和训练经验让我深深地了解到：在我们学习认识自己的时候，第一个难关是接受自己。当客观看待自己的时候，感觉失望的人是95%，所以，你和我并不是特殊的例子……

接受自己的不完美

酿一种心态，换一种心情，接纳自己的不完美。
拓宽心的视野，才能感知世间的美好。

心态是学习是否有成的关键，前文提到当自己发现自己做了不合适的事情时，转个弯就好了。这个观念的本身就是一件说起来容易做起来难的事！因为，我们都不是这么容易饶过自己的人！饶不饶过自己？怎么饶过自己？它在于对思想的收与放。这话说得有点深，有点难懂，我用自身的经历来分享一下我对"思想的收与放"的领悟。

"思想控制"和"改变"是具有因果关系的同一件事儿，都是说起来容易，做起来不容易的……就拿我来说吧！我是一个脑筋停不下来的人，在做瑜伽练习的时候，我的挑战是"放空"练习。

每次做到放空这个环节时，我的脑筋总是转来转去，想这想那的……

当瑜伽老师说：Now, let your chin be relaxed（现在，让你的下巴放松），我脑海里会把老师说的话改成：Now, let your chin be dropped（现在，让你的下巴掉下来）。你看，我是不是挺搞笑的……

我自己都不知道我可以这么调皮！知道了，却感到挺无奈……因为我管不了自己的脑袋！

直到有一天，我遇到了另一位瑜伽老师，他垂目盘腿端坐地说道：我们都可能有Monkey Mind（猴子的思绪），跳来跳去一刻也停不下来，请不要刻意地去压抑自己。但是，当你发现你的思绪在跳来跳去的时候，你就告诉自己：没关系，我现在把我的思绪收回来！然后开始沉静下来吧！

因为这个老师的指引，我突然开窍了！现在，当我发现自己又走神的时候，我会立刻转个弯，回到正轨，而不是因为走神而在自责、懊恼上花时间和精力。从这个经历中我体会到：在改变的过程中，我们会看到自己，能对自己有更深层的认识，知道了！接受了！就是学到了！

我希望你也能"接纳"自己的不完美，"允许"自己有做错的时候，然后把精力放在"当下"，把目光放在"前方"！

雨果曾说：
尽可能少犯错误，
那是人的准则。
不犯错误，
那是天使的梦想。

教 战 篇

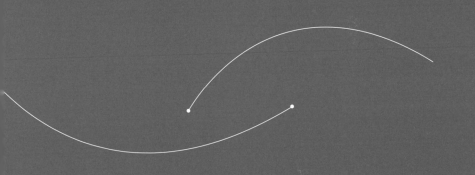

现在我们直击要点，
逐步学习该做什么？
以及如何做？

提升素质的方式

关于内省

新形象建立的过程
就是一个人再成长的过程

认识自己

大多数的人都不善于随着年龄、职业、身份的转变而修正自己的行为与装扮。表面上看来是因为人们不知道该怎么做，或者是并不在意这些细节，实际上是因为受了过去历史的影响而裹足不前，如：没有意识到自己还停留在已经过去的年轻时期或辉煌时期；也或者是驻足在别人为自己贴上标签的刻板形象中……不知道从什么时候开始，我们渐渐忽略自己，不再问自己是谁？也不曾用那种欣赏的眼光好好地看看自己。现在，让我们一起尝试着客观地看看自己的外貌：

1.站在落地镜子的前面，用"打量一个陌生人的眼光"，把镜子里的自己好好看清楚。

2.自问：如果镜子里的那个人不是我，我自认为的缺点，是不是还是缺点？那我自认为的优点，还是优点吗？

视觉性的东西比内心的东西容易了解也容易掌握！在对镜子里那个陌生人有了基本了解之后，我们再看看镜子里的人，是哪里看起来不年轻了？哪里破坏了魅力？是发型？服装？还是心态？当看清楚、弄清楚了自己目前的实际状况后，我们才能找到对自己现状有帮助的正确答案与资讯。

至于提升计划，我们可以上网下载一些资讯或者买书来研究，对症下药，寻找自己需要的新知识与新观念，帮助自己向理想靠近。

重点

在重新审查自己的阶段，有些技巧和原则要好好运用，例如：

一、先从容易学习的外表下手，找机会问一问那些自己欣赏的人，请他们对我们的外形做个评语或建议。

难道大家不都是把自己打扮得令自己满意才出门的？当我们让别人给一些外形上的评语和意见的时候，心里多多少少期望对方给的是赞美，所以，当对方真诚地点出我们的盲点时，我们也许会觉得有点受伤害。这时候千万别急着解释什么，而是把对方说的话记下来，最好再反问对方自己记下的重点对不对，确保自己把握了机会并对此问题做了充分的了解。

二、千万别问那些形象不怎么样的人的意见！因为只有问自己欣赏对象的意见，他/她的回答才会让我们踏上"成为明天的他/她"的路，令自己受益匪浅。

三、防止在姿态与心态上显出老态！年岁渐长，人变得越来越实际，这是一种老态。所以，平日里回想一下年轻时那种"不好意思"的心理，那是保持年轻心态的秘密武器。

常见问题点

一般人在镜子前面把自己当作陌生人来看的时候，其反应不是吃惊于自己对自己的认识原来如此有限，就是实在无法将自己当成一个陌生人来看……

就如，当我问上门求教的人——你了解你自己的外表与内心吗？你知道的那个"你"，是真真实实的你吗？他们的答案往往是否定的，而且情绪会变得激动。

其实这种受到震撼产生的情绪是一种很好的触媒，它可以引导我们去重新审视自己，且这种自我审视的机会使我们开始有了属于自己的新想法，如，我是谁？我想成为一个什么样的人？这是我真正想要的自己吗？在这个节点上，如果无法将自己当成一个陌生人来审查时，应求教于专家的协助。

结论

形象提升是从了解自己到关心自己，进而美化自己的内、外在；它是始于心路历程的重新开启，终于个人成长的完成。也就是说，所以决定去做、去改变，或者是去找寻改变的动力，是由于自己对自己的关心，而非取悦他人。

【梅宝心语】

新形象的建立，有专家的帮助当然会事半功倍，但也不是光靠某个专家的一个或一套设计就可以创造出来的，它是个人成长的历程，也是新观念和知识的学习。所以说，想要更年轻、更有魅力？自己也可以尝试着DIY！

华丽转身
——强大自己的内心

一位朋友拉我陪同她上街买衣服，走了一圈，我帮她搭配了一套适合她的休闲西服和短西裤，当她从试穿间走出来时，我还真是被惊艳到了，不仅服装合适，她那双漂亮的腿也让我的视线挪不开。之前我都没有发现她有一双超级完美的大长腿诶，我忍不住点头、赞美，力荐她买下这一套！等等！她那一脸的犹豫不决还真是挺明显的。

是预算的问题吗？我知道不是！

那是她无法相信眼前这么出色的自己吗？当然也不是！如果是的话，她一定会冲进去把衣服换下来，让店员立刻打包，回家去穿在身上好好地、慢慢地欣赏一番。

看着她的表情，我心里是有数的：对于露美腿，她不自在，以至于有点不自信这套衣服适合她。

这故事的结局是：她没有买下那套衣服。她把自己漂亮的双腿又包裹了起来。

说到这里，你是不是想问我：老师你为什么没有开导她？有！我当时忍不住开了口。

我是这样说的：我知道想要穿得潮，是需要一些勇气的！我们今天也不一定要买衣服，不过你客观地看一下镜子里的自己，如果镜子里的那个人不是你的话，你会怎么形容你看到的画面？

你看，我不是播下一粒种子了吗，不过，这粒种子需要的肥料是主人公的成长意愿。

这个活生生的例子告诉我们：即使自己亲眼看到的事实，有时也会很难相信！而这难以相信的"难以"，是与"接受"能力有关的！

改变是起源于内心的成长，外在的穿着打扮只是技术性的呈现。

重要的事情再重复无妨。不论是形象设计还是形象管理，第一步都是自我识别（self-recognition），自我识别就是自我认识和认可，它可以让我们认识到自己该对什么负责，该对什么不负责……在经过自我评估及对"自我"的探索和学习后，第二步才是如何呈现。如果没有经过这个步骤，一切呈现的结果都只能称为"造型"，而非"形象"塑造。

以前面的故事为例，朋友拉我出去买衣服，当然是想做些改变和提升，但是真要面对改变的时候又不假思索地直接拒绝接受……这种类似碰到盲点的事情，我们每个人或多或少都有。难怪，自我提升得先从认识和认可自我开始。

认识和认可自我，是一种内心审查的功夫，让我们认识到自己现阶段的状态。而审查后的再成长多半是要走出自己的舒适区，也就是离开我们习以为常的状态和情境，去做新的尝试。这听起来有些抽象，却是有方法可循的。它的实践过程是：

始于自觉

以上面的故事为例，我相信我的朋友在看到镜子里的自己的那一瞬间应该是一惊一吓的，"惊"是发现自己可以如此出色，"吓"是发现了一个与平常不一样的自己。露出美腿，虽然只是一个决定，但如果她愿意做更深入的觉查，仔细思索一下：让自己不舒服，不自在，甚至恐惧的原因是什么？这个认知的过程就是自觉，也是成长的启动。

需要一些外界的助力

外界的助力以"自己看到"最为有效，透过亲眼所见让心理或视觉受到刺激，这就是为什么我要让朋友客观地看镜子里的自己。这是让视觉画面的印象来帮助我们跨越心理障碍的必要技术：以有形有据的画面作为客观的审查资料，这也是在为自己提供从面对到接受新事物的过程中所需要的动力和勇气。

要有接受改变的意愿

我所以没有鼓励朋友买下衣服就是要给这位朋友空间、时间，以便让她自己走出来。因为唯有为自己去改变才具有持续的动力，否则没过两天，当事人就会开始质疑自己：我这是在干什么？结果买来的衣服只是挂在了衣橱里。

前述故事的结局会怎么样? 那要看当事人改变的意愿有多高!

直面"想做"与"做到"之间的鸿沟

在改变的路上, 我们都有相同的经验: 真的有意愿改变, 但就是拿不出行动力, 也不知道该如何踏出第一步。也就是说, 改变的意愿很重要, 但它也只是第一步, 从想要改变到改变, 这两点之间是有距离的, 如何跨过这个鸿沟? 这里有一个有效的破解步骤和关键说明。

借我的门生Viola的故事来解说。

Viola一直很喜欢看化妆技术帖, 也照着化妆帖买了很多工具和化妆品囤在一个抽屉里, 数量不少, 品类齐全, 但就是没有动过手。她自己是这样分析的: 乐此不疲地看化妆帖、买化妆品是因为内心渴望变美, 但自己素面朝天了快30年, 也没有影响到生活, 而且周围不化妆的人偏多, 待在原地比较舒适, 所以迟迟迈不出第一步。

这听起来有没有点熟悉? 不打紧, 我们看看Viola怎么走出来的。

突破自己的舒适区

Viola曾思考过自己为什么迟迟不曾动手, 她想可能是因为自己没有主动改变的动力, 所以, 在生了孩子后, 鼓励自己去上了一堂化妆课。交了钱的课程, 自己还真的按部就班地去上课, 在化妆课里也学到了一些自己不知道的化妆技术, 回到家里也练习了一阵子。就这一阵子有同学在这个节点上转了个大弯，从此过上彩色人生。可惜，Viola没有……

当Viola把化妆课里学到的技术涂来抹去地用在自己脸上却怎么也感觉不到美时，泄气之余，她当下就默认自己已经尽了力，能拥有的最好状况就是如此了！

当成长机会来到时，要能看得见、抓得住

Viola放弃了化妆，但是没有放弃对知识的追求，当我在厦大管理学院演讲时，她坐在台下。

作为一位听众，她对那场演讲的描述是这样的：当老师解释一个人的改变必须是内外双向的，并提醒我们美的角度应该是有自己的样子时，真的把我敲醒了！

听完演讲后，内心很激动的Viola心里在想：我要跟这位老师学习！一向害羞又被动的她居然与一群人挤在一起向我要联络方式。之后，她毫不犹豫地抓住每个学习的机会。现在的她，十分了解"爱美"是需要有审美的知识和技术来支持的！爱美不是以买化妆品、买衣服来填补（心灵的）空洞，而是要有心变美、有意愿做改变和有自信接受别人赞美的眼光，才叫作"爱美"！

团队共同成长，是一个捷径

Viola回想起当初报名上课的心态跟买化妆品课是差不多的（给自己买个希望），只是训练开始后，她"被迫地"和"意外地"看到了舒适

区外的风景，当时她内心是挣扎着想逃离，好在有同班同学的鼓励和监督，再加上不想在团队中排最后一名的心态，才让自己一步一步往舒适区的外围移动，也才走到今天。

没看过风景的Viola和看过风景的Viola有什么不同？

Now

Transitioning

Before

化妆技术和穿着打扮肯定有进步，但真正不同的是气质

为"自己"活一把！

如果自己的内心一直渴望着某件事、某个样子，但就是迈不出那么一步，请给自己一个机会：跨过成长路上的第一个路障，舒适区！在舒适区里我们感到很安全，甚至觉得那是一种幸福，但是你的未来和今天不会有太大的差别……改变是需要勇气的！回头看看上面提到的Viola的成长过程，希望你也能为自己带来不同的未来。

新的尝试会让我们发现：在自己优雅转身的那一刻，不一样的风景就已经在眼前了！这就是华丽的转身！

【梅宝心语】

当我们的圈子小、经验少的时候，会直接影响到我们对新事物的接受能力。就是遇到好的事情也会被我们不确定地摒弃于外，所以，进步是需要学习的，第一步就是要能接纳不同于现在的看法和想法。

成长过程中若有一些因缘际会来推波助澜确实会有帮助。关键是当可以点醒我们的人或事物就在眼前时，我们有没有看见？有没有领会？或者有没有抓住机会？

为自己的人生做角色定位
——我们有选择的机会！

有人抱怨自己的生活，甚至生命的不如意，总觉得自己是弱势，少了选择的权利。每当听到这些说法时，我常常不知道该如何应对。如果抱怨的是生而不平等，我同意，但抱怨说自己没有选择的机会或权利，我是不能同意的！因为在生活中，我们时时刻刻有机会行使自己的选择权，只是不是每个人都意识到这一点，而这个意识点恰恰就是导致你的人生是向前走、往后退，还是在原地大踏步的原因。一念之间，美好如自己所愿，即使失落也是内心变幻所造，关键是我们怎么想。

选择就是机会

漫漫人生路，有无数的选择，一个念头，或许就导致结果千差万别，选择了一条道路，就是选择了一种人生。

我的心得是：在遇到大的问题时要考虑长期目标，才能做出对的选择！

不少人在建立新生活和形象的过程中说过类似的话：这个很难做

到! 我是想做, 但是我周围的人不配合。就拿运动来说, 这是一个人就能独立完成的事, 但对于不重视运动的人来说, 你让他开始做运动, 他却考虑再三后宣布: 因为……我做不到! 而这做不到的原因通常与习惯有关, 也就是说, 因为生活中不曾拥有, 所以感觉不到其必须性。说白了, 就是我们踏不出自己的舒适圈, 所以选择了"不"。

也有人说自己之所以如此, 是因为没得选, 并义正词严地说: 我不能选择父母, 没有办法选择生活环境。这一点确实是无法争辩的事实, 但是这并不代表我们没得选。如果你对我说的这句话有质疑, 请耐着性子, 看我分享的一个真实故事。

小美和小丽是亲姐妹, 生活在衣食无虑的小康家庭, 但父母在他们中学时离异了。父亲的移情别恋, 重创了依旧有少女梦的中年母亲, 受到打击后, 这位颇有姿色的中年女士从此开始挥霍自己剩余的青春和钱财, 这其中有着非常狗血的都市剧情节……可以想见, 跟着母亲的两姐妹是生活在波涛中的。后来, 事情演变到母亲带着一批在灯红酒绿下讨生活的女青年去了酒廊当董事。日子一天天过去, 两姐妹也长大了, 当小美大学毕业, 小丽还在大学读书时, 母亲从自己的社交圈里帮两姐妹各自找了一个男人做经济依靠……看样子, 这对姐妹花的人生大概就是在这个环境和阶层里发展下去了吧? 那可不是!

几年后, 两姐妹对母亲的态度和自己生活的决定有了显著的差异。生性腼腆但重情义的小美在声色场中讨生活不容易, 但觉得自己有照顾母亲的义务, 从而开始陪酒, 对母亲的需求也是有求必应。

小丽则在毕业两年后，毅然决然地脱离了母亲的生活圈，念了研究所，后来嫁了人并从事教职。小丽对母亲也是有所照顾的，只是对母亲的要求会理性地做出判断：什么事该伸援手，什么事该制止，毫不含糊。

在这个真实的故事中，两姐妹确实没法选择父母，也没法选择还需要父母庇荫时的生活。但是，在人生的道路上，她们还是有进行自己的选择，不是吗？

故事说到这儿，聪明的你一定知道我想说的是什么——我们都有选择，也一直在做选择！

人生中最重要的选择应该是：做个什么样的人？过什么样的日子？被别人如何看待？这三个重要选择，也就是建立和提升形象的第一阶段：自问、自审。所以说谈形象，就是在谈人生方向；谈好形象，就是在谈把日子过好。至于人人关切的穿着打扮，它是属于技术性的东西。当然，技术性的东西也是需要思想做支撑的，否则就会流为没有内容（灵魂）的形式。

好形象是每一天的事情

一个人的好形象是堆砌出来的品质。在积累的过程中，我们会经历两个问题：如何建立好的品质？如何在低谷时还能保持品质？

求好之心人皆有之，但是有些事情是习惯成自然形成的，然后变成了理所当然……这理所当然的行为在长期累积下就成了自己的形象。

所以，建立好的形象应该是从追求生活品质的立意开始：从最基本、最基础的生活态度和观念开始实践。

以下三个平常事的观念，若能反复实践和领悟，做起来会是终身受用、受益的。

有准备地过每一天

无论前一天发生了什么事，每天清晨，睁开眼睛后先躺在床上想一想，不论想到什么，告诉自己：今天是我余生中最年轻的一天，一定要好好地体会！

生命的价值决定于自己对人生的态度，而生活的价值则决定于处理事情的方法。所谓素质高的人，是指在面对外界压力时还能坚持自己的原则和应有品质的人，做到这一点不是很容易。但如果坚持的不是固执己见或者仅是维护自尊，事情是一定会过去的，因为波涛汹涌的背后必定是风平浪静。在不顺的时候，逢低走低。可以低调行事，但个人的品质却不能降低，这就是格调。

所以，带着清醒的头脑，美丽的心情开始过这一天，它也许是有压力的一天，也许是有好心情的一天，怎么过都可以，因为我们已经选择了——用享受的心情度过一天！

自我肯定

我们要怎么做才能克服自我怀疑并激发自己的行动力和积极性呢？这一切都始于自我肯定！

首先花一些时间来肯定自己在生活中已经取得的成就。每个人都做过一些值得自己骄傲的事，列出这些成就以及当初为实现这些成就所采取的行动。例如，我们为实现目标所克服的障碍。列出一张"成功清单"，这张"成功清单"是肯定自己和增强自信的依据，也是我们建立未来成功的基础。

基于思想和行动之间不可分的关联，成功清单可以很好地提醒我们控制自己的想法要正面，每当我们开始自我怀疑时，把"成功清单"拿出来看几遍。

再者，时常看着镜子里的自己，大声说："我可以！"别认为这个做法很可笑，积极的想法会带来信心，乐观和专注的行动会振奋自己的斗志，使我们有更大的机会实现目标。"我可以""我能"是在自己的大脑中种下自信的种子，这是产生积极思想的好方法！当自信心产生后，它会反射性地为我们消除恐惧和任何使自己无法实现目标的疑问，这就是我们可以为自己设立的优势！

多尝试多学习

对生活在两点一线或三点一线的人来说，生活就是制式的样子，虽然枯燥无味，但也感到舒适自在。不知不觉中，我们就变得封闭而不自知。举例，我们每天走相同的路线去上班，固定的朋友圈，固定的生活习惯和作息，这种习以为常的规律会让我们慢慢地看不见周围的东西。例如，不确定到办公室的路上有几个红绿灯，不记得公司大门口是否有装饰品，等等。对这些小事情的不留心、没看见、不记得……反映出的是我们对周围事物的敏感度低下。

失去敏感度就等于是失去了自动的学习系统——看不到、听不到，少了信息，少了刺激反应，学习的本能就会停滞不前，也就很难感受和吸收外界的讯息和知识。所以我们需要坚持每天尝试一件以前没做过的事情，它可以是跟陌生人打招呼，也可以是在服装上加些自己不曾用过的色彩，下班后一个人去看场电影来领会一下独处的心情，或者尝试一下小冒险：换一条路开车回家。走丢了？没关系，就当多认识了一条路……去做一些自己不曾做过的事情，既是自我挑战，也是开展自己学习模式的方法。

总之，初始是要"用心地"与以往的自己不一样，渐渐就会习惯成自然——随时随地都能看到、听到对自己有启发的事和情。这就是以实际行动在生活中扩张自己的学习力和扩大自己的接受力。

突破自己的舒适圈和打破惯性思维是Move Up计划中极其重要的关键，因为没有突破就不会有进展！以正确的观念带来有助成长的小习惯，不但会增加我们的自信心和存在感；同时，生活会更有动力，情绪会更正面，形象自然会更好！至于要不要做？那绝对是个选择题，而不是是非题。

【 梅宝心语 】

思想与行动之间的关联往往是导致自己放弃或者继续努力的因素。在实践过程中，如果认为自己做得不够好，最好的做法是在意识到自己的问题时，与其自责不如即刻实践一个小改变，它会立即提高我们的心理素质与信心。

日日精进
——学前必修课

很多人都说过类似的话："我现在形象不好不等于以后形象不好"，"我现在行为有偏差以后慢慢改就好了"。可今年的自己又比去年进步了多少? 我们是不是乐观地预估了一个事实: 我们是可以改变，但是"改变"不会轻易就范!

重要的不是做了多少，而是开始做了!

一步一个脚印，我们终究会变得完美吧? 说个大实话，这个答案谁也不知道! 但有一点可以确定: 每天好一点，人生会大不同! 可这变好的第一步在哪儿呢?

我认为是先有了自知自明，之后才做重点学习! 因为只有方向正确，后面的学习和积累才能生成气质与形象的改变，发自本尊内在的优雅才得以随行。

首先，必须理解什么是美

爱美之心人皆有之，穿着高级定制服饰就能展现美吗? 我想你我心中都有答案: 不是!

有时穿着费心装饰的衣服，心里却有些别扭，因为不确定这身衣服到底适不适合自己。

有的时候穿了昂贵的衣服，除了自己不轻松外，也没得到期待的尊重。

其实，唯有适合自己的装饰和相称的优雅气质才能呈现出美感，并予人美的感受——它来自个人对审美的积累和文化的修养。

再者，观察与分析自己现有的形象

对形象构成的直接因素做一些观察，观察包含留意自己的言行举止、打扮风格、工作方式与居住环境，并把自己的观察记录下来。记得一定要记录下来！因为我们的思考是惯性的，对于新观察出的信息，必须记录下来，才能够客观地分析。这些观察与记录的过程等于是做了一遍自审，在看自己记录的时候，我们不但对自己的现有形象有了较全面的了解，对现状与自己理想形象之间的差距也会心知肚明。这一步是为未来着手重点学习做好准备。

当然，也不用太着急。形象提升的学习除了技术性的穿衣打扮与为人处世外，还包括素质提升中自我识知与自我成长。这些培育性的学习是需要方法的，它有四个学前基础抓手，这四个抓手也是有效学习与突破学习障碍的手段：

四个学前基础抓手

一、培养自己的观察能力

观察的能力是审美能力的基础，以多接触、多观看来培养自己的观察能力及扩大生活领域。

规定自己每周至少去一次不同的场合做观察，观察别人、观察环境，也观察自己在不同环境里的内心和行为。刚开始也许会不自在，重复做几次就自在了，也就自然地跨出了原有的安全区域。比如，周末去参加小型读书会或其他有益于自身形象的活动，或者去可以用耳朵听、眼睛看来感受美的地方，如音乐会、画廊等，让自己有机会去接触、去欣赏好看的东西和好看的人。这就是扩大自己的学习领域，让审美能力不断提高。

二、跟想学习的对象在一起

抓住所有机会跟生活中值得自己仿效的对象在一起，多观察、多模仿，把视觉印象牢牢地记在心里，并尝试在自己的生活中去应用，慢慢地我们会从模仿中学习到属于自己的东西，最终成就出我们希望呈现的模样。

三、能受教

前面提到的扩大学习领域，目的是学习新的东西，培养更高的眼界。在学习新东西的过程中我们面对的挑战往往是自己：我们可能直觉地把力气花在"打量"新知识上，并以现有的知识去评判新的知识，而不是接纳新知识与实践新技术。所以学习新的东西最好是先把"能受教"的态度摆出来。

看看周迅刚出道的时候形象真的很一般，也没看出有什么地方出彩，但是慢慢地她的衣品开始引领时尚，变得有自己的气质，这种改变应归功于她自己的努力和她的前任之一李大齐，他为她造型，打扮, 助她千变万化, 但最终还得是她"能受教"! 对吧?

四、反复应用新学习的知识和技巧

李冰冰之前英语不好, 她刻苦学习, 现在可以在联合国发言。李冰冰说:"我36岁才开始学英语, 起步晚, 基础也不好, 可我就是喜欢、愿意去学和说。会10个单词的时候, 我就用8个单词跟人打招呼, 听不懂就先闪一边, 再回去学, 慢慢再跟人说, 就得有厚脸皮的劲。所以说, 学语言, 什么时候都不晚。"形象管理更是如此, 反复应用新学习的知识和技巧就是不二法门!

向周围的人学习, 向前辈学习, 向专业人员学习!

常见问题点

许多人会忽视第一步的审查和基础工作, 直接跳进"能做什么? 该怎么做?"的重点学习阶段, 结果是事倍功半, 甚至会了了之。毕竟成就一件事除了要有承担的意愿外, 还得要适合自己, 才能水到渠成并自得其乐。所以, 观察自己现状的审查工作与做好心理建设的基础性工作都是至关重要的准备工作, 这样才不至于走错路。

结论

如果你已经做了一些新的尝试, 或者把以上建议放在了自己的"必做事项"里, 那要恭喜你! 你已经走在遇见更好自己的路上, 让我们共同加油, 比肩而行!

美的探究
——学前必修课

美被公认为具有客观与公正的特征，但另一方面，它又取决于观察者的主观情绪反应。所以，美的定义在许多人面前变得模糊了。以至于人人都会说"美"这个字，但却说不清楚它的定义，我想以一个反证的方式为引导带朋友们探究一下美的定义，进而给欣赏美和创作美定一个方向。

美的探究是美学中主要的学科之一，在美学*中，美与艺术和品位是并驾齐驱的学科。它的定义在不同领域是有着分歧的，但却有一个共同的概念：若能感知一个物体伴随着的审美愉悦，它就是美！美丽的物体可以是风景、日落、人类或艺术品，等等。

如果说，美是一种积极的审美价值，那它与丑陋的消极是相反对应的。我们都有这样的经验：自己的厌恶反应是紧跟着感官的检测之后，并会本能地出现反射性的生理反应，如有面部表情的介入和呕吐等。根据研究，厌恶的情绪主要是感官在接收到"不和谐"的状况或状态时引发的。另一方面，审美判断也与情绪有关，或者说它会像情绪一样体现在身体的反应中。例如，面对壮丽景观时所激发出的敬畏感会让我们心率加快、瞳孔放大。

根据以上的分析，我们可以这样来看待美的感知：美的主体在客观条件下是具有共通性和规律性的。例如，以整体和其部分之间的关系来定义美，它通常是适当的比例与和谐的整体。就像花艺，通常是在不同花种之间，花与花器之间存在着一定的和谐和适当比例的关系，让我们感知和欣赏它具有美感的整体造型和风格，这就是人性趋向的一个范例。又如，大家都关心的时尚，在整体造型范畴里，我们会留意体形和服装剪裁形式之间的互补或协调，并意图造成视觉上的重点及创造线条所携带出的愉悦氛围。或者更进一步把主人的性格和行为表达也含括在整体范畴里做个适当的搭配，让最终的呈现既和谐又有整体性，这是时尚界的终极审美工作方向——造就一个我们觉得"美"却又形容不出来的结果。

这里我要再好好说一下"共通性"，共通性的对立面是独特性。独特性强调的是独特的性格或者承载着特殊意义的形体表达，它别具一格的表达/表现结果是见仁见智的，有些人会欣赏，而有些人甚至感觉讨厌。但共通性就不一样了，它的底层是"人性"共通的向往，虽然不同性格的人喜欢的东西不一样，但我们都喜欢和谐、和平、柔暖与温和等观感和感受。当然，美的感知最后还是取决于观察者的主观情绪反应，例如，就有人特喜欢独树一帜，是吧？所以说，美的感知是取决于美丽事物的客观特征和观察者的主观反应。当然，要深切地懂得与欣赏美，观察者也必须具有对主体的正确感知和判断美的能力。

因此，学习正确感知和对美的判断能力是我们需要做的功课。如何欣赏美？第一个线索是：美丽的物体有能力在感知中带来审美的体验。第二个线索是：了解审美的本身是受个人解释的影响。举例来说，一幅有蓝色和金黄色颜料的画，镶上金框，与画作内容相呼应，这是以美学事实做的判断；至于，金黄色代表皇室的威望？还是蓝色和金黄色代表着天空中阳光普照的景象，传递着平静、温暖和满足的讯息？这些审美下的解释就是很个人的事了。

审美的能力除了需要有知识，也需要日常的熏陶和训练，我常常说它是"养眼"的功课。时常欣赏美的东西，它也许只是"好的"时尚杂志，也许是美丽的装饰品，或者是大自然的变化……这都会让我们领悟到美及孕育审美的能力。更深层次地培养，可以从学习中进入，例如，学习舞蹈、音乐、文学、表演或艺术创作等。借由语言的张力、音律与心的共鸣、举手投足的情绪诠释，不但能领略到创造力和表现力的知识，也能以艺术的形式来展现和表达自己的才能和思想。同时，学习过程中的协作关系，其本身也是一种能力的培养，不论学得好坏，在这样的环境中达到通识教育中的审美要求是可以期待的；在具有审美能力的前提下，把自己变为美的主体，也是可期待的！

*美学一词来自希腊语aisthanomai，意思是感知。它涵盖了审美的经验和判断。例如，当我们与审美对象或环境，例如舞蹈、视觉艺术、音乐、诗歌、戏剧等接触时，发生的情绪和意象就是感知。

【 梅宝心语 】

美学是在审视与考虑为什么人们喜欢某些审美对象或艺术作品而不喜欢其他作品，什么作品被认为是美丽的，什么作品被认为是艺术的。我们已经知道审美属性通常是具有激发情感反应的能力的，而这种反应会因人而异，不太可能是一致的，在同一文化中的每个人并不总是有相同的意见，更不用说在不同的时代了。所以，透过美学的研究，我们可以理解特定群体的审美欣赏及他们的价值观，甚至艺术是如何融入他们的生活与文化中的。

励志的故事自己演绎

在气质与打扮之间，如果必须做一个"谁先胜出"的选择，我会说：先照看气质吧！因为气质好但打扮不出彩的人，只会让人觉得可惜；如果打扮得漂漂亮亮，却没气质，真会让人感到失望。

小女孩的时候，我们喜欢听"王子与公主"的童话故事，长大以后，我们仍然向往着"麻雀变凤凰"（*Pretty Woman*）或"窈窕淑女"（*My Fair Lady*）的奇遇情节。这些电影一看再看，百看不厌。

这样的故事，伴随着少女的长大，从梦想变成了要努力实现的目标。看看这些非常传统、保守的国家，如：日本皇太子娶了日本平民为太子妃；英国王子也娶了普通女子为妃……近代史中已经有26位普通人通过婚姻变成了皇室成员。这个趋势还在延续，可能未来就是你的"童话"，谁知道呢？

既然，每一位女性都有机会崭露头角，那我们现在就应该问问自己：我是不是已经准备好了？我是否有把握在众人面前表现得体，甚至出色？

增强自己的条件，就是提高自己的机会

任何学习都需要日积月累，非一蹴而就，与其等着那么一天，自己的身份、地位到了一定的层次时，才手忙脚乱、心慌意乱地到处求助——找不同的专家帮忙策划、指导自己如何站、坐、行、穿着、交流等，不如现在就着手进行和思考以下三件事作为起步：

重新思考：我是谁？我的角色定位？一切的游戏规则都与适时、适地、适情有关。也就是说，要了解一个简单的表达，会因自己的身份在不同的时机、不同的场合下有不同的表达方式。

比如一位经营管理者，在职场上需要考虑的是大局、是得失，给予他人的形象应该是果断的，它可以通过穿着打扮和说话方式来表现。但在与家人共处或同行时，其打扮和角色定位是要有所区分的，如果在家中像个总裁，或者在职场中像个"妈妈或大姐"，都是不得当的。所以，在角色定位上必须拎清方向，思路正确与清晰非常关键。

作为一位仪表与知性兼具的女性，不仅需要专家的指导，更需要自己平时留意观察与学习。我们平时要留意与学习的范围包括：以礼为据地应对进退、得体地表达、良好的仪态展现及大家都有兴趣的服饰搭配，等等。

铭记"天下没有丑女人，只有懒女人"这句名言。任何收获都是需要付出代价的，与其羡慕甚至嫉妒别人的好风采，不如多研读励志、心理建设和人际关系方面的书籍，把自己的素质和信心建立起来。同时，停止给自己任何借口，如：我的工作性质不同，随便一点我觉得比较舒服……这些给自己的借口，都是阻挡我们更上一层楼的罪魁祸首！

上面所提的三件事，看起来平淡无奇，但都是影响自己是否能够向上突破的关键。你可以不相信我，但一定要把信心交给你自己！你可以的！

【梅宝心语】

与其等着有那么一天，自己的身份、地位到了一定层次时，或者白马王子已经出现在自己眼前时，才手忙脚乱、心慌意乱地到处求助，不如现在，此刻！设定计划开始学习。我的励志故事，我自己演绎！

关于淑女

现代淑女需要
理解和坚持的标准

她们都是假淑女!
——真淑女vs假淑女

有些小姐姐看起来挺做作的,你知道是为什么吗? 因为她们在门背后从来都不是真淑女,这是原因,没有之一。

呃,这句话得好好解释一下,要不一定会被人认为我下了一个恶毒的评论。

我写过很多关于高雅和气质的文章,也分享过培养优雅的日常基础功课。我相信看过我文章的读者们,对高雅和气质的定义必定都有一定程度的心得。但读过文章后,风度与气质得以改变的读者们,必定是不仅看过文章,而且在日常生活中下过功夫不断地应用和练习。小哥哥小姐姐们,我相信你们的努力和用心成果,一定得到了赞美和欣赏眼光的回报。

对高雅气质培养一事,我的解释是:绅士和淑女都不是门面功夫。高雅的气质在于丰富和仁慈的内涵,而形于外的风度则是日常的自律和平时好习惯的积累。

常见问题点

在想成为翩翩公子和俏佳人的期许下，许多朋友试过、下过功夫学习举手投足的技术与技巧，但总觉得做不来或学不会。在我咨询的美女案例中有个共同点：小姐姐们一直没有把自己当作是位"真淑女"，而只是在人前试着做个淑女。

听到这话，先别感到不高兴呀，让我来说说一位真淑女在家里的时候会如何对待自己的几件事情，你先看看自己做到了几件？

一、只用杯子喝水。别说是在公共场所，就是在家里，也不会对着瓶子口喝水。

二、会坐在餐桌上好好吃饭。即使是一个人吃饭也会把碗筷放好，坐在餐桌上吃饭。而不是坐在客厅盯着电视向嘴里送食物。

三、舒适但合宜地坐着，不只是在人前会挺直优雅地坐着。就是在家里舒服地休息时也是双腿并拢，既不会两脚叉开也不会把脚架在桌子上。

四、用鲜花装点家里。鲜花的味道、活力和意境是不能被取代的；在家里使用假花的意义只是表面的装点，一位重视生活品质的淑女是不会在家里用假花的。

五、随时随地有张面纸可用。即使是非常时刻、非常情形之下也不会将就到使用卫生纸擦嘴的地步。

六、会在意是否打搅到其他人。纵使在家中做运动或者听音乐，也会留意音量的控制，不会自顾自地陶醉其中。

七、不会远距离地大声呼唤人。纵使在家中，需要呼唤远距离的人时，也会走过去招呼，不会贪一时一己之便而吆喝起来。

八、对亲近的人温和有礼。不要说是对父母亲了，就是对待晚辈都会说请和谢谢！

九、把自己收拾妥当。早上离开卧室前会先照镜子，洗脸、梳头和换好衣服后才走出卧室。

十、保持室内环境整洁优美。起床时会顺手把床铺好，并把四周环境整理好，开始美好的一天。

说到这里，我对"淑女"的定义和观点应该很清楚了。

虽然这切入话题的角度有些带刺儿，但立意与用心完全是纯良的——希望大家能惊觉到并自问：在努力做一位淑女的路上我们是在追求美好的表象呢？还是美好的本质？在自觉自己做不到或者做不好，甚至被人嫌弃为做作时，也可自审一下：我们是否打心眼里没有把自己当作淑女来对待？以致在追求美好的过程中没有包含自己？希望以上的言论能带给各位一个新的思考角度甚至是答案。

上面提到的日常小事，平常得让人毫不在意，但是每一件事都是在堆砌一个滋养的环境和洁身自爱的好习惯。我们做到了几样？无论做到几样，剩下的都是我们的追求方向。加油！

【梅宝心语】

真正的淑女是将美好放在内心，并认真地反映在生活中。从今天起，让我们重新审视该如何把自己的人生和生活过得更精彩。

我知道有些朋友会说买花是件不实际的事情。其实，对鲜花的那一点小固执就是内心对美好的执着。

现代名媛淑女的养成

你是否感到自己努力了半天后好像依然还在原地踏步?

每天努力学习各种提升、提高的知识,通常在刚接触的时候觉得很有启发,并感到自己受益匪浅,很是兴奋!可是一路走下来,发现在自己的认知范围内并没有提高多少。是因为自己接触到的知识只是口号式的理论,抑或是偶尔见到的应用性资讯太粗浅了?

通常这种困惑的关键是因为:自己努力学习到的是概念(只是"知道"了一些事情),而非思维的升级(知道并运用"知识")。就如,你上了某某名人、牛人的服装课,这种视觉性的学问,照理说是比较容易上手的,可是在课堂上听得头头是道,老师对你的点评也让你觉得特别适用,但回家后还是不知道该怎样穿才算出色或者能在搭配上有点小进步。

有鉴于此,"名媛淑女养成"这个主题会以情景叙述的方式来带领,以帮助大家容易理解与实践,期望你们在阅读了这个章节后有所启发,后面的行为与实践也就会顺理成章了。

知识是要应用以后才能变为自己的学问! 以下是我要分享的思路及实践方案, 有心成为名媛淑女的你们, 朝着这个正确的方向去努力, 用心试试吧!

抓对思路, 就是提纲挈领

名媛淑女的简单定义无外乎就是除了身家背景之外, 还要有优雅从容的气质。但在今日的社会里, 纵使不是出身名门, 自己也有机会开创一片天空。说到这里, 让我想到闫妮、海清等通过自己努力从配角一路走来, 踏踏实实变成中国演艺界不可多得的实力派女演员的过程。李冰冰更是在2010年成为联合国环境规划署首位中国籍全球亲善大使, 等等。

所以大家都可以是名媛。至于这让人仰慕的淑女气质如何得来? 那就是收放自如的举止, 节制有度的言语。而这看似可以轻易学来的言语与举止要能进入有度又自如的境界, 得要有良好的教养与内涵为铺垫才能达到。所以作为一位名媛淑女, 不仅需要学习, 更要永不停止地修炼。

是否感到自己学到了一点知识?

不, 还没有! 我们现在只是"知道"了。

爱因斯坦说: 未经思考的知识不是知识。接下来是要好好想一想: 什么是节制有度的言语? 怎样做才是收放自如的举止? 由这个点上再深入地思考及寻求方案, 完成这个过程才是求知。

这里我先为"现代淑女"应具有的心性下个定义:有内涵又令人惊艳。

做个有内涵的女子

一位女子内涵的养成与其说是要读过很多书,不如说是需要又有才情又有见识更为完整。因为见多识广的人在遇到事情时才不至于大惊小怪,并能胸有成竹地从容处理;而平常的锻炼也会自然显现在自己的行事分寸上,在各种场合中,能有信心面对大小事情并有能力处理得当,这就是有内涵的表现。有内涵的女子、通常具有两个特征:

一、够客观,遇事能应对自如。因为见多识广,在与人相处时,纵使对方的反应出乎自己的意料,也能以一个客观宽容的角度来评估和衡量对方的背景、心态、难处,所以能得体地应对。

二、有知识,行事有分寸。举个例子,在高端西餐厅用餐时,因为已经熟悉餐具使用的细节而能够高雅地用餐,享受美食。进餐时的任何意外,也能胸有成竹优雅地处理。所以,当别人多看自己两眼的时候,心里也很清楚对方的眼光是赞美还是别的含义。再换个情景说,一位现代淑女,不再是呆等在门口让绅士帮你拉门的女子,而是会斟酌情况,用善解人意的心思度量眼前的状况,并做出最明智的决定:是自己拉门呢?还是用巧妙的言语督促对方采取行动?总之,这样的女子是以行云流水之姿行走的风景,停、看、听自有其度。能达到这个境界的女子,必定见过许多的事情,看起来自然淡定、温雅。所以说一位淑女,不只是说话细声细气,更该是位充满自信,多见识,有内涵的女子!

做个令人惊艳的女子

有内涵的女子令人赏识，但不见得令人惊艳。

令人惊艳的女子是多了女人香的那款，除了有内涵，还懂得生活的情趣，识得自己的价值，能把生活过得很像个样子；在情感上相信的是相互吸引而不是依赖，会为自己买花戴；面对自己的外貌和年龄自有章法，懂得把自己打扮成适度中的最好。面对流行，会随着自己的体形、性格和特色而选择，自具独特性，自带女人香。

女人香是指什么？什么是女人香？借个人物来说事，现代名媛淑女的女人香是既要有林徽因的冰雪淑女气质，又要有陆小曼的彰显娇媚魔力。你大概在想这是在搞什么？不是说现代吗？还需要向民国初期的人物学习吗？唉，你想想看，当年这两位女士，所以能够留名，不仅是因为她们的出类拔萃，也是因为她们的特立独行。想当年，陆小曼这领先潮流的人物因为太有争议性还真拿不出手，现在倒是能拿出来说事。所以说，名媛淑女的行为合时、合宜也是很重要的。

抽掉时空的限制，陆小曼的特立独行，虽然贬多于褒，但还是让人对其魅力有无穷的想象。身为现代淑女的你我能毫不费力地享有自己的独立空间，自然在打扮上、见解上、表达艺术上要更好地发挥自己的独特魅力才是。

综合起来，成为一位名媛淑女需要努力的"内在教育"是：有思想、有涵养，并在社交上能自然圆融，收放自如；"外在教育"是：把审美能力体现在衣着的得体、身姿的优雅及生活上的追求等细节上。

提升形象的秘诀是设定心中的画像后，日日练习！而非有空的时候才做！现在方向越来越清楚、明确，接下来便是以思想引导行为的风度和气质培养章节。

做个预告：我们先沉浸在内在教育中，之后就是外在教育的解说章节。

温莎公爵夫人的成长

生活的周遭处处有可学习的知
识。有福气的人，不但看得出事情的价值，并能够领会、学习与运用。

温莎公爵夫人 (Wallis Simpson, 沃蕾丝·辛普森) 生于1896年6月
19日, 在她出生没多久父亲就去世了。在成长的岁月里, 她与母亲的
生活都是由有钱的亲戚们资助。在亲戚的支持下, 她进入当时有名
的贵族女子学校 (Oldfield School) 学习, 在学校周旋于一些有钱
家庭的孩子中, 沃蕾丝却一点都不逊色, 因为她总是非常努力地把
自己表现得最出色; 然而在社交场合中沃蕾丝一开始是并不太受欢
迎的, 甚至被贴上"派对毒药"的标签。

为了在宴会中能够表现出众, 沃蕾丝不但专门接受了社交礼仪的训
练, 还非常留心地分析与学习那些在社交场合中表现出众的绅士、
淑女们是如何呈现自己的, 后来的沃蕾丝不论是成绩还是举止、穿
着, 在学校与派对中都是领头者。

从小失去父爱的沃蕾丝在二十岁时嫁给了一个海军飞行员, 时值第
一次世界大战, 两人聚少离多, 但这段断断续续的婚姻还是维持到

1927年12月10号才以离婚收场。这期间沃蕾丝游历了法国和中国。在中国时，沃蕾丝与政商名流时有往来，她出色的社交能力备受瞩目与称赞。当时的社交圈是这样形容沃蕾丝的社交能力的：这位女士有非常杰出的社交语言能力，总是能引导出一个非常好的交谈主题，使谈话对象感到有意思！并能恰当地迎合，让交谈者深感有趣。

而后，在第二度婚姻中的沃蕾丝又深深地吸引了爱德华八世的注目，这也与她的社交能力及交谈艺术有绝对的关系。当时的爱德华八世已非常受英国人民的爱戴，但是到了三十几岁还是单身，除了经常组织派对外，不论皇室如何撮合，这位王储并未对任何美女动过迎娶之心。直白点说，即这位王储身边虽然总是围绕着一群人，但他总是静静地抽着烟，看着别人玩。直到爱德华八世第一次碰到沃蕾丝，他们两个人竟单独一对一地交谈了近两个小时。这说明了什么？

在社交场合中的爱德华八世是出了名的腼腆，但沃蕾丝却能够让爱德华尽兴地侃侃而谈！

在以后的社交场合中，爱德华八世非常依赖沃蕾丝，每一次派对他都要确定沃蕾丝可以参加，因为只有她在场的派对才有意思！她是怎么做到的？

在社交场合中，这位聪慧的女士总是会找让爱德华能够接上话题的题目，当话题不小心走远了或被别人抢走了，她又能把话题接回来再巧妙地转给爱德华。不仅如此，无论在何种场合，每当爱德华发表意见时，她总是以专注热切的表情面带微笑地看着爱德华，好像是在说: 讲得真好! 我非常欣赏! 你真有吸引力……这样的画面至今还可以从他们的旧照片中看出端倪。

这样的一个女人真是可爱, 对吗? 真是让人爱!

【 梅宝心语 】

我写温莎公爵夫人只是想陈述一位经历不平凡的女人，角度是非评论、非政治、非史学，而是欣赏她的优点，了解她的难处。在温莎公爵夫人的生活故事里有很多可以让我们学习的东西，这也是为什么我常常以她为例来解说有关社交礼仪及交谈艺术方面的课题的原因。

温莎公爵夫人的成功社交技巧是学习来的，也是在宴会中启发出来的：从欣赏别人的美好，感受到自己的不足，从而认真地学习并改进自己的弱点，结果不但成为社交界宠儿，更使当时的英国腼腆王子赞赏不已。这就是一个明证：在生活中处处有学习的机缘，只看自己如何去拾取了。

我认为一个人的命运轨迹，除了机运外也受了性格与智能的影响，在生活中处处有学习的机缘，关键是看自己如何获取。所以在我看来，谈温莎公爵夫人不是在说公主王子的故事，而是倾慕一个人的智慧。

关于优雅

培养一份了然于心的自信

揭秘优雅
——优雅的本质

美丽的女子很多，但生活中能称得上优雅的女性可以说是凤毛麟角。美丽往往是恩赐，那优雅呢? 我曾遇见过这样一位女士，相遇的那个晚上，我一进餐厅，就看到不远处有一位非常优雅的女士端坐在我朋友的对面，即使她就只是这样坐着，我已然无法轻易将视线从她身上移开。这位优雅的W女士身上似乎包围着一种神秘的氛围，后来在与这位优雅的W女士交往中，她让我对优雅的定义有了更客观的体会。

优雅源于对自我了解的自信

W女士本身是个美丽的女士，但她每次的穿着打扮都让我觉得她有十二分的魅力，哪怕同为女性我也被折服。似乎，她对什么能够增添她的魅力了然于心。

说这样有魅力的女人是凤毛麟角实不为过，因为大部分的人是明知这身衣服不完全合适，但还是会由于这样或那样的原因穿上它，照了照镜子感觉还行吧，就出门了。可是我们的身体是诚实的，一件没有为自己增添魅力的衣服穿在身上是不会让肢体透出自信的! 没错! 就是这个: 当我们的身体没有发出自信的信号时, 优雅就与自己无关了! 所以, 优雅最视觉的陈述是: 对自己的打扮有了然于心的自信。

日常的穿衣打扮, 是我们在"定义"自己展现给世界的样子。如果能了解到什么是可以增添自己魅力的东西, 并将那些东西安放适当, 自然就多了一份面对生活的从容, 同时也才会有"我见青山多妩媚, 青山见我应如是"的怡然自得。即使在千篇一律不写意的生活中也会因有了一份对自己的了解, 从而免去大清早翻遍衣橱却找不到一件可以穿出门的衣服的慌乱及懊恼; 更不会在折扣的诱惑下, 买下一堆弃之可惜、留之无用的衣物。

优雅源于对自我尊重的坚持

自我尊重的实际行动是"重视"自己展现给这个世界的样子。我这儿不是说下个楼、倒个垃圾都要盛装而行, 但至少要让自己在家门外的时候看起来是可以"见人"的。我想许多人都有这样的经验: 往往认真打扮的时候, 出门也遇不到熟人。可是当穿着拖鞋, 头发有点凌乱时, 一下楼不是遇见熟人, 就是遇见邻居……这时候我们会在心里嘀咕: 真邪门呀! 信不? 这种尴尬的事是不会发生在优雅人士身上的。

话说到这里, 让我想到我的一位好朋友Teresa, 当我在电话中得知她得了癌症, 化疗了两年, 一个礼拜前医院还发了病危通知时, 我飞了一趟Dallas去拜访这位几年没见的朋友。去看她之前我心里是做好了准备的, 但当门打开的时候, 我对面前的景象还是非常吃惊!

这个重病的女人居然依旧梳妆整齐，打扮精致！！为了与她相伴，我这次是住在她的家里，"每一天"不论我几点钟起床，几点钟看到她，她都是穿戴整齐，假发戴得一丝不苟，耳环跟项链也搭配得妥妥的。我想，你若遇到她，一定也会和我一样佩服这位无论是多大年纪、什么样的状况，都不会放弃自我尊重标准的女士，这样的人真是令人心动。（后记，Teresa半年后悄悄地过世了。在遗嘱中要求不发讣闻，不做任何形式的追悼。）

花时间来修饰自己，不仅是对自己的一种尊重，更是对他人的尊重。自重是生活的底气也是一切自信的来源，当一个人有自信的时候，就能悦纳自己，并以宽容的姿态体贴他人及面对人生。

优雅源于时时刻刻对礼仪的不松懈

优雅不是抽象的，它呈现的是一种生命状态，每个人都能培养出来！即使看似平常的穿着打扮与待人接物，也都是内心修炼的呈现。

作为有心成为优雅人士的自己（你），是否曾经想过优雅应该是一种无论何时何地都如影随形的状态？举个生活中的例子，我的朋友看到我对帮我拿东西过来的先生说"谢谢"感到非常吃惊！她说：我从来没想过让家人帮我拿个东西还要说"谢谢"。在接下来的谈话中，我们共同发现了这样一个事实：一般而言，在公众场合我们都会比较留意自己的礼貌，可是在与家人相伴时友好与礼仪往往就消失了。这次的交流让我认识到两个事实：一、如果自己的言行举止只在自己认为有必要的时候才注意，一定是纰漏百出。二、如果说礼仪让人感到舒适自在，那不仅是对陌生人吧？在对待亲密的家人时不是应该更用心、更暖心才是吗?

在谈这件"谢谢"事件的当时,我的思绪片刻离神地飞到了前面说的那位W女士身上。我在想如果是她,她的行为在人前人后会有很大的差异吗? 我认为不会! 因为她那不费吹灰之力毫无瑕疵的优雅已经说明了一切! 你认为呢?

结论

优雅外延的表征有很多,但内涵是殊途同归的:将礼仪精神谨记心头,气质风度就能融入骨子里,从骨子里散发出来的那种让人如沐春风般的举止与行为,就是优雅的诠释!

优雅不是做作,它来自于内心,它伴随着各人的生命光彩,能打动那些你遇见的人,并以最美妙的方式演绎自己的生活!

优雅，从细节做起

没有做不做得出来，只有要不要做出来。
不是为了别人的期望而做，而是为了满足自己的意愿而做。
因为对美的钦慕，愿意去打扮自己。

"优雅"这事儿让人觉得高不可攀，但又令人向往。

常常有人向我表示，想多知道一些有关优雅和高雅的事儿。如果当时情况合适，我通常是会追问：为什么对这个题目特别有兴趣呀？他们大多是这样回答的："优雅"这事儿让人觉得高不可攀，但又令人向往，所以希望有个"专家"可以用大家都听得懂的方式说说清楚，最好再给个实行的方案或方向。

那我先来说一下优雅的定义，再来说说如何没有门槛的，让有心人都能即刻变得比较优雅的方案！

优雅 (elegant)这个词来自拉丁文eligere，意思是挑选！注意了，这里说的是挑选！也就是说，优雅是一种沉淀后的"内心文化素养"与挑选后的"外在表象呈现"之完美结合；它体现在一个人的人生态度、生活状态和待人接物方面。换句话说，优雅人士的画像是：一位有积极生活态度的人，在生活和行为举止中自然地呈现出感性却又理性的气质、风度和修养。它既抽象又具象，抽象的是，它是一种堆砌出来的"感觉"；具象的是，它是看起来的"样子"。

我知道大家一听到抽象就觉得很难，因为在我没学习设计概念与艺术哲学之前，我也是这样认为的，但当我把这些学问学通了，就不再这样认为了。艺术哲学让我理解到：抽象的东西是可以用具象的方式来表现和沟通的，就如前文《揭秘优雅》中，我没有深入地解释大道理，却具象地表述出了优雅的状态和它呈现的样貌。相同的思路，现在我以更生活化的方式来介绍——如何秀（show）出优雅！

从生活中的小地方做起

一、保持清洁。良好的卫生习惯从小地方做起，如刷牙、淋浴，保持头发清洁都是必需的。拥有洁白整齐的牙齿比你想象的重要多了——洁白的牙齿不仅让我们看起来比较年轻，还让我们看起来比较尊贵。

二、维持整洁。定期处理或保持合理的毛发长度，例如鼻毛、腋毛，等等。年纪渐长后多余的毛发长得比较快，尤其是有点年纪的人要特别注意，建议每周修剪。

三、确保体味清新。做户外运动时，事先使用腋下除臭剂，以保持身体的气味良好。如果天生有狐臭，又不方便随时使用除臭剂，请考虑就医。建议：肉毒杆菌注射可以抑制狐臭。

注重品质的呈现

四、头发与皮肤应保持整洁与光泽。不仅要保持发型整洁，也要讲究发质的柔顺，如果发质不好，做头发护理是必需的，椰子油、橄榄油、蛋汁都是很好的护发材料。同学们，衣服可以少买一件，但是护肤霜和眼霜是必需的；还有，美丽脸蛋下面的脖子也需要照顾到。建议上网查查资料，在家里自己做保养。

这保养的事儿有多重要？让我告诉你：

我在机场乘电梯的时候，注意到了前面背对着我的她，一套漂亮合身的运动服穿在姣好的身材上，真是赏心悦目。后来在候机室，一抬眼却被眼前景象吓了一跳，没错，是她！望着斜对面的她，厚皮质层的脸庞上疙疙瘩瘩的，还有五六层的下巴挂在那儿，这一眼让我对那曼妙身影产生的遐想戛然而止，荡然无存。如果只看脸，她倒像是位生活困苦的女士……这时几个不协调的画面在我脑海中交错着，让我忍不住又看了美女一眼——唉，人家两手可是各戴着一只不同款的大钻戒呢。这画面所以令人感到困惑和不协调全是因为那毛燥的头发和饱经风霜的皮肤，它们与优雅和美好隔着万丈的距离。现实啊！枯燥的头发和饱经风霜的皮肤很难看起来优雅。

在视觉打理上要求精致（精致与优雅是同一件事儿）

五、适量地化妆。淡妆就好，用色上采用"少即是多"的原则。

让肤色看起来均匀统一是基础步骤，适量地使用与自己肤色接近的遮瑕膏，之后可以再加上一层薄粉底和蜜粉；目标是均匀肤色，减少油光，让脸看起来干干净净又气色好。

增色是加强步骤，用唇色和眼影达到神奇的效果；如果不知道如何选择眼影颜色，可以使用中性色调的棕色和灰色眼影。眼线笔和睫毛膏的使用也是达到美化效果就好，千万别夸张。至于唇色，日常使用增加好气色的颜色，但在晚宴或盛装的场合，倒是可以使用比较大胆的唇色来与服装和灯光搭配造成平衡感。

六、选择时尚有型的发型。在提到优雅女性时，我们通常想到的是奥黛丽·赫本、维罗妮卡·莱克或妮可·基德曼。她们的共同之处是有一头缎面质感的头发和能突出个人特色的发型。建议：与其买个名牌包，不如把钱付给一位好的发型设计师，因为对的发型会给你一个更优雅的外观！而名牌包没有这个作用。

七、重视手部的魅力。指甲要定期合理修剪，如果你对指甲油不会敏感，建议你擦些指甲油。淡粉色，肉色、透明或法式美甲都是万无一失的好选择。

有时候我们会看到一些时尚人士使用比较特别的颜色，如黑色，蓝色等，仍然看起来很优雅，那是整体效果衬托出来的结果。

意即，许多颜色都可以看起来很优雅，它是取决于使用者的气质、肤色和穿着。

长保展现魅力的意愿和企图（让人记得你，想和你亲近）

八、使用好的香水。美好的气味虽不可视，但会在脑海里形成一个特定的画面。所以，不但要使用精致的香水，而且要正确地使用它，让它为自己留下持久的美好印象！

正确地使用原则包括：控制用量，最好的状态是若隐若现；把它用在适合的位置，让香气从体温高和会移动的部位散发出来。

香水分前调、中调和后调。前调大约会持续10分钟，优雅的前调气味包括：茉莉、玫瑰、琥珀等。而选择香水是不能够以前调来判断的，正确做法是等10分钟过后，以酒精挥发过后的中调来判断，那才是香氛的本色。

九、站得挺直。拥有良好的姿势是"绝对地"有助于被视为优雅。身材需要锻炼、姿势也需要锻炼，确保随时都站得挺直，才能显出自己的自信和高雅。悄悄告诉大家：站得挺直还会让自己看起来更瘦、更有曲线呦！

意犹未尽吗? 不着急! 后面的文章中会谈到举止优雅这一环。

这里说的九件事, 你可以仔细看看, 边看边想象一下那个画面——这样做是不是真的可以让自己变得优雅起来?

结论

容貌美丽的女人未必优雅, 而优雅的女人一定给人美的感受。

在积极的生活态度中就可以孕育出优雅。就如优雅可以视为自己想要过得好、好好地过。它是理性决定后的感性表露, 既顺应生活, 也反映出内在求好、求美的热情。

荷兰著名的人文主义学者伊拉斯谟(Desiderius Erasmus)撰写过许多与人文和礼貌有关的重要书籍, 如《论儿童的文雅教育》《论少年早期的文雅教育》。这位人文主义与自由意识的先驱者对礼仪的原则提出过极具启发性的阐述, 他指出外在美与内在美是个人礼仪的组成因素……每个人既要有注重道德的内在美, 也要有注意卫生和讲究的外在美。

最高贵女人眼中的高贵

近代值得让人学习的优雅女性很多，如温莎公爵夫人。这里我要介绍一位大家可能并不熟悉的人——葛洛瑞亚·吉尼斯 (Gloria Guinness)。

1912年，葛洛瑞亚出生于墨西哥瓜达拉哈拉，原名Gloria Rubio y Alatorre。她的父亲何塞是一位著名的记者，而她的母亲玛丽亚路·易莎是一位贵族堂主，尽管如此，葛洛瑞亚的成长过程还是挺让人心疼的。

作为一个年轻的女孩，葛洛瑞亚是在上流社会的狡猾方式中接受辅导的，生活在她母亲的家庭庄园中，结识了完美的女人和有权势的男人。但这一切都在墨西哥革命时以残酷的方式瓦解，她与家人被赶出了广阔的土地，葛洛瑞亚不得不学会自谋生路，她十几岁时就在墨西哥一家夜总会里工作以维持生计。

有些人窃窃私语说，十几岁的葛洛瑞亚在夜总会工作时，曾经涉及性工作，从默默无闻中挣钱，钻进富人的床铺。不管真相如何,葛洛瑞亚显然知道如何与男人打交道。当葛洛瑞亚还不到20岁时,遇到了几乎比她大30岁的荷兰糖厂负责人雅各布·肖尔滕斯(Jacob Scholtens),就与之结了婚。

葛洛瑞亚与肖尔滕斯的婚姻很快就开始破裂,两年后,这对夫妇离婚了。但她的爱情一分钟都没缺席,在同一年,葛洛瑞亚与冯芙丝汀宝伯爵(Count von Furstenberg)弗朗茨·埃贡(Franz-Egon)喜结连理。年轻漂亮的葛洛瑞亚成了德国贵族,但她很快就卷入了一场丑闻。

一些小道消息声称葛洛瑞亚在这段时间担任间谍,她的应对之道是冷静地待在中立的西班牙马德里等待冲突结束。不过,当时冯芙丝汀宝伯爵夫人的亲密朋友中,是有纳粹的得力助手赫尔曼·戈林和阿道夫·希特勒本人的。当然,朋友的坏品位并不意味着她是一名秘密特工。只是,即使是超级间谍的婚姻也不会长久,在1940年,葛洛瑞亚和冯芙丝汀宝伯爵宣布离婚。

在经典的葛洛瑞亚故事中,王子的出现也不意外,仅仅两年后,她嫁给了埃及国王的孙子艾哈迈德·法赫里·贝。不过,这人人视为终极目标的公主与王子的故事,对葛洛瑞亚只是人生中的插曲,这段婚姻在1949年破裂。失去公主的头衔完全不足为惜?还真是的! 1951年葛洛瑞亚找到了自己的真命天子,一位超级上流社会人士,银行大亨托马斯·吉尼斯(Thomas "Loel" Guinness),因为吉尼斯,葛洛瑞亚终于坐在了自己适应的"社交名媛"位置。当然,它也带有些戏剧性,因为葛洛瑞亚是吉尼斯的第三任妻子,不得不继承了一大群喜怒无常的继子女。

事情总有两面，这位每一分每一寸都很美的女人，她的美貌并未带给她实质的名利双收，因为她嫁了一个很有钱但并不大方的丈夫。她富有的丈夫吉尼斯出生在纽约曼哈顿，不仅把财务控制得紧紧的，连葛洛瑞亚在正式场合中需要佩戴的首饰都得借用。所以，她不得不在免费为老公打理一切的事务，如房子布置、行程安排、社交圈联系等之外，还要自谋"钱"途——以写作来赚取额外的收入，以便打理自己的行头。也正因为如此，人们才有机会见识到什么是美貌与才华并存。她生前的事迹除了经常上最高级的时尚杂志、穿最有名的设计师的服装外，也是时尚杂志的专栏作家，并被誉为传奇人物及最会穿衣服的人士。

葛洛瑞亚的时尚

葛洛瑞亚的脸在1950年代是美国权力和优雅的象征。她有着细长的脖子、高颧骨和锐利、棱角分明的五官，以及会表达情意的棕色大眼睛。当许多人都在为像玛丽莲·梦露这样的金发美女吵吵嚷嚷时，葛洛瑞亚则代表了"老钱"*系列的审美标准。

作为一位著名的纽约社交名媛，葛洛瑞亚与作家杜鲁门·卡波特建立了友谊，后者很快将她推崇为他的"天鹅"之一。这一群优雅女性天鹅同伴包括传奇美女李·拉齐维尔公主和美国社交名媛贝比·佩利。

虽然有这种环境，但能让葛洛瑞亚如此迅速上升到上流社会行列中的，却是她与生俱来的时尚感。创立国际最佳着装榜和纽约时装周的埃莉诺·兰伯特曾称她为"有史以来最优雅的女人"。事实上，兰伯特对葛洛瑞亚非常着迷，她甚至在自己的床头柜上放了一张葛洛瑞亚的相框照片。

顶着时尚社交名媛光环的葛洛瑞亚很擅长掀起时尚热潮。她是 Emilio Pucci 最喜欢的模特之一，也是第一批穿着他的新款时尚卡普里裤 (Capri pants) 的女性，当时引起了轰动并开启了持久的潮流。

大约在这个时候，葛洛瑞亚开始真正锁定自己的风格。她以干净、优雅的线条和大胆、简单的色彩闻名。她不屑"时髦"的衣服，经常选择纯色而不是印花，尤其喜欢黑色、白色和红色来衬托她的黑发。

葛洛瑞亚的魅力·拥有锋利的机智

即使在受过良好教育满嘴跑飞机的群体中，大家也知道葛洛瑞亚是最机智的一个。证明之一：有这么一天，一群男人围坐在餐桌旁无聊地谈论着去钓鱼的事，面对这不合适的餐桌话题，葛洛瑞亚突然冷冷一笑并举起自己那包裹在巨大珍珠手链中的纤细手腕，边看着手链边说："我的鱼已经钓到了。"这不仅巧妙地转变了话题，也间接地捧了丈夫，真是很机智！是吧？

葛洛瑞亚的魅力·聪明又有品位

葛洛瑞亚的标志性风格不是浮华或时尚，而是她巧妙的衣品。即使她年轻时在欧洲面对运气不佳、钱财不足的时候，她也因穿着简单经济实惠的黑色毛衣和黑色平底鞋而闻名，被称为"有时尚感"。

在聚光灯下生活后，葛洛瑞亚为自己赢得了一些具传奇性的绰号，包括 "时尚女王" (The Queen of Chic) 和 "终极" (The Ultimate)。

在她成名的高峰时期，她是最佳着装名单上的常客，从1959年起连续五年出现在国际最佳着装名单 (International Best-Dressed List 1959–1963) 上，1964年她被推选进了名人堂。

不过，在众多荣耀中她最重要的成名之举却是与视觉风格无关的写作能力。从1963年开始，她为时尚圣经 *Harper's Bazaar* 撰稿，并很快证明了她的天赋。她对时尚敏锐的洞察力和精辟的建议跃然纸上，成为当代时尚女性追捧和学习的对象，她曾为高贵 (Elegance) 下了一个非常有深度的定义。她说：高贵是在脑袋里，是在身体里，是在灵魂里。

的确，有思想的女人，才可能有高贵的特质 (还没见过头脑空空，却让人感到高贵的人)；而高贵的气质是靠身体的语言表达出来的 (借由姿态与举止传递出自己的自信与优雅，从而予人一种美的感受)；而与我们共存的气质，就是心灵深处对自己的肯定。

如此有深度的见解，要不是自己心领神会又身体力行过，葛洛瑞亚如何能说得出来？

其实，墨西哥籍的出身使葛洛瑞亚在环绕着欧洲上流社会的时装界时有些辛苦，因此，她需要比别人更努力、更出色才得以维护自己 "最高贵女人" 的头衔。葛洛瑞亚的一生起伏非常大，她的经历也许和我们是有距离的，但是，在众多名媛中，她令大部分人都羡慕的是她自己和她的才华。她就像一株在丛林荆棘中生长的花朵，显得格外美丽和独立，这个部分与平凡的我们是一样的——都需要坚定的信心，不放弃往前走的决心，相信任何事情都是有可能的！

想知道最后的情节吗？她与托马斯·吉尼斯的爱情是进行到底的，在葛洛瑞亚去世八年后，托马斯在临终前要求葬在瑞士Bois de Vaux公墓中葛洛瑞亚的墓旁。

*老钱，即old money。是指"上层阶级家庭的继承财产"或"拥有继承财产的人、家庭或世系"。此术语通常描述的是历经几代有钱人的社会阶层，这些阶层能够世世代代维持财富，也就是我们现在说的"豪门"。

【梅宝心语】

一心向往美好？首先是在任何逆境中都不放弃应有的标准和方向。另外，有两件身体力行的事也是必需的：一是要独立！这包括了思想独立、行为独立和财务独立的培养与安排；二是向杰出的人学习！学习的重点不是偶像们成就后的皮毛，而是研究他们是如何成就了自己的风格及在树立美的标准过程中的付出，这才是自己学习与进修"真正的高贵与优雅"之正确途径。

赢得他人尊重的途径

得体的魅力

穿着的最高境界
是适时适地适身份

穿着得体的基础原则

穿着得体比穿着花哨重要，甚至比穿着出众更重要。通常我们说"穿着得体"是指穿着的适时、适地、适身份；也就是说穿在身上的服装，要考虑场合、时间与自己的身份。

要穿得入流，第一时间要搞清楚什么叫作"穿着得体"，因为每个人品位不一样，在喜好上就有差异。可是说到穿着是否得体这件事，每个人的看法倒是挺一致的！如果穿在身上的服装，没有考虑到场合、时间与自己的身份，再出众的衣服也会变成别人茶余饭后的消遣话题。所以穿着得体的重要性是在穿着花哨与穿着出众之前！

首先，我们要界定服装与场合之间的关系！

一、工作场所的服装要考虑职业类别及职位。
1.行政主管的服装，不适合过分流行，但也不需要太死板；最适合在剪裁上表现出流行与考究的特质。一般而言，式样大方的整组套装可表现出稳重、敏捷的特性，是工作场合中的最佳选择之一。

2.从事涉及与流行和艺术相关的工作者，比较有创意的空间，可以自己的想法及风格来组合属于自己的服饰，以强调特殊的个人风格为追求目标。

二、宴会的服饰要考虑身份与年龄。

1.在公开场合代表公司或品牌形象的人，其穿着以正式、不失保守为佳。创意的设计是可以增添你个人光彩的最佳途径，但千万别在暴露身材上做文章。

2.在只是代表自己的公开场合，年轻人可以做比较"个性化"的打扮。但是如果自己的年龄超过45岁，还是以"落落大方"为首要考虑，千万别选一套美丽但穿起来自己都会质疑其是否得当的服装。

其次，我们要界定服装与时间及时令之间的关系，它涉及式样、材质的选择！

一、材质的选择除了要分季节，也有个别性考虑。如夏天要选透气凉爽的材料，冬天则以保暖为重。但是一些细节之事也应注意，如：
1.上了年纪及有身份的人，宜采用高级自然的素材如毛、棉、丝、麻。

2.丰腴或太瘦的人，都应避免穿着过于柔软和光亮的料子，因为这类型的材质，会使胖的人看起来更胖，瘦的人看起来更瘦。

3.在高温环境下的工作者，为了安全考虑，不要选择易燃的衣料。

二、材质的选择因日夜不同也是有分别的。如：日间穿着的材质，要避免过多蕾丝、闪亮或太有光泽，而夜间则以有光泽及轻柔的材质为佳。

关于宴会的穿着，日间与夜间的宴会服装除了在材质的选用上要考虑外，也要在款式的选择上斟酌。如：日间的宴会多以小礼服或连衣裙为佳，配饰则以简单为原则，珍珠项链会是个好选择。而晚宴装无论是在礼服或配饰上都可以选择比较考究与豪华的款式。

如果是私人性质的宴会，夜间的你，可以具有不同于白天的妩媚及吸引力

穿衣尺度上的社交文化

把事情做到极致都是要花工夫的,讲究品质的人愿意下这个功夫!对入流的人或想入流的人来说,服装选择和搭配其实是有讲究的,这些有讲究的事情对我来说不是件难事,但是对有心把衣服穿好却没有足够资讯的人来说,可能不是件容易的事。就让我来分享一下作为入流人士必须懂得的"社交文化中的穿衣尺度"。

把衣服穿对是一种社交文化

去别人家做客吃饭,穿什么? 一般人可能就是平常出门穿什么就穿什么,讲究一点的人可能会穿得再漂亮一点,但对懂得社交文化的人来说,穿什么是需要多想想的事情。

加州州立大学某分校的副校长,请校长夫妇和我们夫妻吃晚餐,吃饭的地点是在副校长的家。我穿了简单的羊毛衫外加好质感的黑色长裤,我是怎么做的决定? 为什么会这样穿? 这事儿是有个程序的: 我在吃饭前一周开始关注"穿什么"这件事情,我的第一个念头就是得弄清楚参加晚宴的有哪些客人? 是些什么样的客人? 根据这些资讯,我才好决定该如何选择合适的服饰。所以我联系了副校长的夫人,表明我想带一份甜点过去,需要了解晚餐宾客的人数才好准备适当的量。在确定只有我们六个人之后，我的择衣方向就清楚了——今天的主客显然就是女校长，那就照女校长的品位来选择衣服了！

这次的选择题算是容易，因为我知道校长的穿衣风格是宽松简洁，所以在服饰选择上我设定在简洁低调，既配合主客的品位又不超越。当晚我穿了好面料的浅色宽松羊毛衣配宽脚黑裤子，再搭配一串高级水晶项链，以表达我对这个场合的重视。

在视觉上有了共同的语言时，一餐饭吃下来宾主尽欢是可以期待的！反之，若穿得过于突显或随意，其他人会直觉地认为您是不属于他们这一群的，一顿饭吃下来，社交文化上算是拿了个零分！

服装的选择会因不同的活动、场合和主人的身份而有不同的要求和讲究。上面讲述的生活故事，是在细节上的考虑和处理的参考。至于在不同场合，适当服饰是什么？我想讲究细节的人是会有些困扰的，下面我挑了四种人人都会遇到的场景，为大家整理了一份穿衣指南，帮助大家理解服装选择的标准。

大家都知道时尚是在不断发展的状态，但很少人意识到围绕时尚的礼节也在改变中。例如，现在冬天穿件白大衣，只要搭配得当，那可是时尚呀！但以前可不是这样，在劳动节之后穿白色衣服和鞋子可是一件天大的错误，是不可容忍的事情！有一部美国片，*Serial Mom* 还以这个风俗般的时尚标准作为影片内容——有人因为劳动节之后穿了白色的鞋子而被杀害了，确实够恐怖的！

说到白色，还真有件让我感到闹心的事，那就是见到自己欣赏的一位国内礼仪导师在别人的婚礼上穿了一件漂亮的白色洋装……这事真是让我无言，因为一位教导礼仪的导师居然踩到了国际礼仪标准的地雷，说实在的，我不知道该如何看待这件事情！

虽然现在的时尚礼仪比较尊重个人选择，但是对主人、主客的尊重和礼貌还是有要求的，这种要求是一种尊重的礼貌，是一种自重的品质，也是一种社交伦理和规则。在婚礼上不可穿白色，这不仅是为了避免与新娘竞争，它也具有实际的意义：荣耀新娘是唯一的，同时避免让宾客们搞不清楚对象。

认识国际通用的穿衣规则

场　合：婚礼。
旧礼节：勿穿白色，黑色或红色。
新礼节：在新娘不穿红色的前提下，黑色和红色是可以的，但是白色绝对是婚礼的禁忌。

穿什么，需要考虑婚礼举办的季节、场地和时间段。如果我们茫然不知所措，而自己与新娘又是好朋友，我们可以直接问她或她的母亲甚至伴娘，让她们给个建议。

日间婚礼。日间婚礼往往比较轻松，一条长裙搭配一件好材质的上衣就很合适了。因为是白天的婚礼，请避免摆弄太多的串珠或亮片等装饰或点缀。在温暖的天气或地区，参加户外婚礼时露肩款式、露趾鞋和简单的帽子也挺合适的。

如果仪式是在下午举行，宴客摆在晚上，穿着的标准就正式了许多。如果邀请函中没有指定礼服形式，我们也没有足够的讯息，就以半正式(semi-formal)的标准为依据选择服装。例如，半正式或正式的剪裁+丝绸或丝绸混纺的面料是挺合适的选择，也可以着膝盖或膝盖以下长度的礼服。

至于颜色，要以不超过新娘的风头为准，太过鲜艳的颜色是要避免的。如果办婚事的家庭做事一向隆重，或者婚礼是在教堂举行，可以考虑穿着燕尾服或晚礼服。注意：有些教堂是有严格规范的，例如在教堂里不可穿无肩带或无袖连衣裙。最重要的是牢记：这婚姻圣殿中只有一颗闪亮的星星，但绝不是我们！

场　合：晚餐宴会。

旧礼节：黑色小礼服和高跟鞋。

新礼节：根据聚会的性质来决定穿着。

穿什么：要从几个状况考虑，除了季节、场地、时间段，还要考虑谁是主客？是否有特殊意义？先得找到这些答案，否则这事儿有些棘手，因为如果穿得不合适，就有冒犯晚餐同伴的危险。(请参考前面的故事)

总之，选衣服时要在意——我们的穿着是否会让主人感到太随便，太轻率或不自在？这里有个解决方案，就是"向主人咨询"。如果主人用中国式的礼貌告诉我们：随您的意，您随便穿都好看！那我们肯定还是不放心，我这给出个主意！

男士们，把一条领带/外套放在包里或车上；女士们，将一副出色的耳环或漂亮的围巾藏在包里。进了门后，看着状况不对时，不要慌张也不必说抱歉，先从容地跟主人和已到场的客人寒暄一下，然后要求借用洗手间，在改装/打扮好后大大方方地走出来，不需要解释。

场　合：剧院，芭蕾舞或歌剧之夜。

旧礼节：表达对艺术家的尊重，穿着正式。

新礼节：选择性很宽。

穿什么：如果把最正式的穿着算成十分，以前在这些场合的穿着则要达到九分。不过，现今的百老汇演出中，我们可能还会看到牛仔裤和T恤。对这事儿，我是这样看的——我们是可以穿着休闲地走进去，但并不代表自己应该如此做。想想看：自己花了很多钱来享受一个美好的夜晚，为什么要丢下我们的门面呢？

那正确的穿着应该是怎样的呢？我建议，除非是首场开幕之夜，我们不需要穿着晚礼服，可以参照参加酒会一样的打扮——男士着精致的西服或量身定制的衬衫和裤子；女士着精致剪裁的洋装、外套和高跟鞋。如果参加的活动是在外地，请先上网搜索一下当地人的着装习惯和标准，再做个明智的决定。注意，通常国际性大城市的穿着要求比较高。当然，如果我们最终还是觉得自己喜欢穿牛仔裤，那好，但请选择深色系，没有破洞或修补装饰的牛仔裤。

场　合：商务晚宴或公司聚会。
旧礼节：工作上穿的职业装。
新礼节：保持工作上的专业水平，还能随时参加活动。

穿什么：穿着的选择是以工作职能和办公室文化为准。如果是一个保守的职场环境，选择就比较单纯——我们还是穿着那身保守的职场服装去参加公司聚会。但是，如果自己办公室的环境很放松，去参加晚宴或公司聚会的活动时还是要更换一下服装，千万别穿得像去野餐一样。注意，职场中的保守穿着是指制式的职业装。

对于商务晚餐，选择类似办公室精英的服装——西装外套、裤子配精致的毛衣或上衣。如果要直接从办公室去参加聚会，早上出门时最好选择穿深色的合身连衣裙和外套，或者是职业套装配女性化的上衣；下班后可以换双有光泽或者有装饰性适合宴会穿的鞋子，也可以把白天戴的简单珠宝换成大件的配饰，以搭配出晚宴的感觉和气氛。注意，只要是职场延伸的活动，不论是什么性质都别穿得太撩人。过于开放的服饰是会吸引眼球，但也会阻止自己在升职时得到该有的重视。

说到这儿，我们一定能感受到两件事：一、在社交场合中的穿衣尺度是有规则、也有诀窍的。二、选择穿着对的服装真是一件重要的事！它不仅可以说明自己的个人水平，也会影响我们的人缘和机运。

做个现代贵族必须要有世界观，无论是穿着选择或礼仪标准都应该使用国际通用的规则。

希望这个章节对各位是一个很好的起步，今后在选择衣服时有个方向可思考。

穿出气质的服装搭配公式

我们都理解所谓台上一分钟，台下十年功的道理，看时尚达人搭配服装和配饰好像信手拈来挺容易的，但那是多年的经验和实践累积，我现在把这累积的功夫整理成一套易学的方法和步骤，让有心打扮好自己的朋友们能一次到位学习服装搭配入门。

服装搭配的思路与步骤依序可以分为五步。第一个步骤是从现有的服装组合中来认识正确的组合方式；这是个基础步骤，但也是最重要的一步。我们先详细解说这个部分，在大家都学会了服装组合的方法后，再把后面四个步骤学起来。

第一步，检视现有服装的组合

以经典式的搭配法则来过滤现有的组合，看看：

一、尺寸是否合适。上身和下身服装应该是相同的尺码。穿着得体，讲究的是穿合身的衣服；服装剪裁与身形不合时，应该放弃，或者把衣服送到店里修改，而不是故意选择大一号或小一号的尺码。

二、材质配不配。把相同材质的衣服配在一起。

三、颜色与花样搭不搭。在同色系中做深浅搭配，或者花色和图案的款式与素面搭配组合。

四、式样和风格是不是有一致性。帅的跟帅的走在一起, 柔和的与柔和的做伴。

如果过往搭配好的衣服都不在上述范围里, 我们还可以再向前跨一步。

以比较通行的流行搭配法则来比对一下, 看看:
一、把不同织法的面料搭配在一起时, 选用类似的材质就错不了。
例如, 大针编织的棉毛材质, 像毛衣、线衫等可以搭配小针织的棉毛面料, 如牛仔、卡其布。

二、采用相同质感的面料相互搭配。
如面料带光泽的服装与有亮点的服装搭在一起挺合适的。

三等分　　　　　　　互补色　　　　　　　相似色

1　　　　　　　　　2　　　　　　　　　3

三、亮点颜色的搭配法则。

服装颜色突出的时候，优先考虑色彩的搭配；搭配方式大致有五类：

1.用2/3配色法则，在三等分的基础上采用其中两种颜色相互搭配，让特殊颜色更精彩（三等分配色）。

2.与对比色相邻的两个颜色搭配创造出高能量的情绪（分裂互补配色）。

3.与相邻的相似色彩做搭配（相似色配色）。

单色　　　　　　　　　黑与蓝　　　　　　　　红、白、蓝

4　　　　　　　　　　5 (1)　　　　　　　　　5 (2)

4.在同色彩之间相互搭配(单色配色)。

5.亮点颜色用黑白灰色做搭配,可强调其色彩,也能产生区隔与缓和的效果。

亮点颜色的搭配可活泼,也可时尚,如果抓不准如何驾驭亮点颜色时,可以与无色彩的黑白灰色搭配,既精彩又不容易出错,接受度也很高。

1

2

四、对比搭配：分面积、款式和颜色三个元素。

做对比搭配通常是为了突出特色，例如：

1.在面积上，以大配小或宽配窄来凸显特色；

2.在款式上，以长配短或繁配简营造出不协调中的协调；

3.在色彩上，强调特殊的颜色搭配效果时可以使用对比配色和互补撞色来创造特殊的效果。

3 (2)

3 (1)

一个好的设计或搭配只会突出一个元素。意即，如果不是有什么特殊的目的，在使用了面积对比搭配的技巧时，服装的颜色以素雅更佳。

找个时间，把衣橱里已经搭配好的衣服拿出来比对一下上述的搭配方式，如果发现都不是"刚刚好"在这些范围里，那就没得商量了——想要穿着得体出众，就得重新搭配了！为什么？因为上面两大分类的搭配条件已经是放宽了的搭配原则和标准！

至于怎么重新搭配？请看后面第二步，第三步……

看完速成搭配公式是否迫不及待地想一头栽进衣橱里去玩绿野仙踪的寻觅游戏? 好玩吗? 如果还没玩够, 我们现在就正式进入绿野仙踪的游戏哈!

第二步，自己做创意搭配

讲究成效的事情都是需要一些方法的, 做创意搭配时也一样: 根据别人从经验中累积出的心得做线索定能事半功倍。

以下是我的心得和建议:

选择合适的时间。
在感觉舒适的情况下做搭配组合, 才会有好的灵感。建议选个自己最轻松的时间, 一次先做30-60分钟, 有了心得后就会越做越顺利。

在实际操作前, 先补充一些必要的时尚搭配知识。
有搭配规则为根基, 在进行搭配组合时会比较轻松、容易。将"第一步, 检视现有服装的组合"再研读一篇, 并把重点记下来。

从最有信心的服装着手。
我们对自己喜爱的衣服会多些耐心, 也会比较有信心地多尝试几种搭配。先把自己喜欢或常穿的单件衣服拿出来做主角, 尝试与不知道该如何穿的衣服做搭配。

画龙要点睛。
咱们现在是在做艺术作业, 不是在做科学作业。记住, 所谓好的搭配就是服装穿在身上自己会感到有特色, 而且倍感有信心。如果试了几种搭配都觉得好像是 "少了那么一点" 的时候, 试试用饰品或配件来帮忙, 如用丝巾或皮带来加强线条或创造视觉重点。

客观地评估搭配结果。

把所有的搭配都拍照存档下来。我们都有固定的思维模式和舒适的标准, 过去一直喜欢的样子, 不见得就是自己最好的样子, 所以只凭直觉判断有可能出错。自拍是客观审查结果的最佳工具, 穿上搭配好的衣服以取远景的方式拍下来, 事后再做客观的评估, 例如, 第二天再看一遍照片, 才做最后的决定。

心得: 我们对喜爱的衣服会有兴趣做多方面的尝试。例如, 把不知道该如何搭配的衬衫拿出来与心爱的T恤搭配, 基于我们对T恤的熟悉度就会比较有灵感, 也愿意在衬衫上多做尝试……穿在里面? 穿在外面? 扣子扣起来? 不扣? 衣角打结? 多试试, 这游戏就会玩出惊喜!

在寻找自己的搭配时真是要有个好心态。我们认为的专家也都是经过千锤百炼的尝试才得出其独到的见解、眼力和心得。所以在搭配技术上, 我们确实是需要多做尝试。

第三步, 检视服与饰的组合

在自己做创意搭配中, 我提到了画龙要点睛。这点睛之事是事小功夫大, 做不好就是个 "将就" 的局面。装饰品在穿着打扮上真的就是这最后的点睛功夫, 忽略不得。

装饰品使用前要留意的几个重点

一、领口与装饰品的形状搭不搭。最保险的做法是项链的整体形状跟着衣领的形状走。

二、特别留意大型图案的服装。大型图案服装本身不适合再加装饰；必须使用配件时，要考虑体积相称的大型配件；建议戴大件首饰或者不佩戴首饰。

三、装饰品的尺寸与身材要成正比。高大的人适合用大件，纤细的人用纤细的配件。

装饰品使用的细节

一、当衣服领口是有特色的设计时，如果自己不是非常懂得搭配，最好避免使用会抢了领口设计风采的胸针或者项链，但可以戴耳环。

二、想要强调首饰，最好的服装选择是比较容易掌握的素面（单一色）。

三、大多数的人都希望自己看起来更高一点；身材矮的"哈比族"，在服装和饰品的选择上尤其要注意，轻巧型的配饰或能吸引视线的浅色上装都是很好的小心机。

四、身材不在标准的范围内（例如，身高145厘米以下，臀围30厘米以下，太瘦的人），建议不戴或者少戴装饰品。

心得：在服与饰的组合中，要避免"多此一举"之事发生。例如：当服装本身的式样、花色或自己的身材非常出色的时候，最好不戴装饰品。如果非戴不可，小型、质感好的饰品是比较适合的选择。总之，配饰如果不能匹配或提升主体又何必硬上呢？咱们永远只强调一个特点！

第四步，风格的整体性

全身的佩与戴能够与自己的风格统一，才是有品位！意即，选择太阳眼镜、手表等配件的时候需要考虑自己的个性与平时的穿着风格。

现在我们来检视一下目前拥有的重要配件，是否能与我们平常的穿衣风格搭配在一起：

一、习惯穿高档的衣服？那主要配件的款式应该选择经典款。因为要高档又不显得俗气，就只有比较传统的经典款配件既能与其相得益彰又能显示其永恒的质感。

二、喜欢有光泽的材质？在选择配件时要考虑配件的式样与风格是否能够相互搭配。例如，丝料的光泽是柔和的，搭配的配件应该也要有柔和的特征，而带金属质感的混纺材质，会因主人的风格而有所变化，可刚可柔。

三、一般没有光泽的材质比较不受限，可以尝试各种配饰材质，只要式样、风格能与主人公的性格统一搭配就可以了。

下次在添加重要配件时留点神！根据以上三个方向多琢磨一下。

第五步，突破名牌给予的限制

名牌衣服所以是名牌，基本上在质量和剪裁上都有一定的水准，不过每一个牌子的剪裁都有它的独特性，要把衣服穿得有价值，就要能表现出它的式样与特色，而不只是尺寸合适就能穿。如：BOSS的衣服以简洁来体现它的定位，比较挑身材，适合有腰身的人穿着，而Max Mara的衣服能体现成熟气质之美，所以圆润一点的人穿起来也好看。因此，名牌的衣服不是尺寸合适就能穿上身的。

名牌服饰与配件可以这么搭：

一、没有Logo上身的品牌服装整体搭配应该很好看；如果是带有Logo的衣服或配件一件就够了，建议与没有Logo的服装或配件混搭。

二、找出服装的原始图片看一下，看自己的搭配方式是不是表现出了原设计的精神。

三、特殊设计和上等材质的服装，配件可以简化，但质感要跟上。

总之，不要花了品牌形象的钱买套衣服回来，穿不出感觉；或者，背着Logo满城行走，替人家打免费广告。

从"检视现有服装的组合"到"自己做创意搭配"，讲的都是最基础但需要知道、用到的要点；而且服装与配饰的整体搭配原则也讲到了，如果我们把这些内容都实操一遍，穿着的风格必定立即提升。多历练后，大家都是时尚达人！

现在，多萝茜终于找到了回家的路。希望朋友们也找到了自己在寻求的时尚道路与工具。

【梅宝心语】

在整体搭配环节中，有三件事要特别提一下：

1.千万不要以为经典的代表一定是柔和与传统。举个例子，Ray-Ban太阳眼镜，说是经典，但它可是飞行员太阳眼镜——当然会很帅啦！

2.风格必须搭！最直白的搭配就是"帅配帅、柔配柔"。所以说，小姐姐们，如果自己是酷酷的类型，穿得很帅时，眼镜、皮带、鞋子和手表都应该是帅帅的一种。千万不要穿着丝质连身裙，戴上飞行员式的太阳眼镜哈！

3.面对不协调搭配的急救办法：换套衣服，搭个同类型的配件，或者改个口红颜色等。色彩本身是自带性格的，可以弥补搭配中的不足；例如，桃色与粉色系是女性化的，橘色是开朗的，豆沙色是中性和知性的，红色是热情和直白的……我们可以运用口红颜色来做视觉暗示。当口红的颜色用对了，搭配的危机是有可能转为搭配创意的。

高雅人士的穿着门道：穿出身份

我想每一个人对字词的诠释多少会有一些差异。在这儿我先做个备注：优雅对我而言，是一种流动性的气质；高雅与优雅相比，多了一份表现性，更像是说高贵又优雅，所以，谈到穿着打扮时我倾向用高雅作为形容词，但与优雅不违和。

在网上找到的"高雅"形容词真是一串串的！如：来自骨子中的与众不同——美丽、自信、优雅、智慧、浪漫、独立。又如：高雅是显现在不可觉察的流动之间，具有情趣和情调。这些词大家都见过吧？不知道您觉得怎么样？我是觉得这些说辞把高雅和我们之间的距离拉远了。

高雅其实可以说得落地一点，例如，高雅是一种风度。高雅的人知性宽容，有自信又温和，稳定却也积极。这种亲民的气质不是也非常高雅吗？

现在细说在生活中穿出高雅这档事。

所谓穿出高雅通常指的是穿着经典款式！经典款式的服装有以下三个特色：款式具永恒性不退流行；样子简单但剪裁塑形完美；好质感的天然面料。它们通常与精美有质感的饰品及经典款的皮鞋和手袋搭配。

作为高雅/优雅人士，在穿着上有四个不打折的原则：

一、随时穿上漂亮的衣服，而不是信手套件衣服。
穿得好看时自然是自信满满！作为高雅的女士，在任何情境下都不会看起来过于随意。

意即，纵使在户外奔走处理琐碎事务时，也应该穿着简单但好看的衣服。

虽然时尚和高雅可以相互交汇，但它们是两种不同的追求和意境，所以，就算上了时尚杂志的款式，也只能表示够时尚，但不一定高雅。意即，在面对流行时要有自己的底线才能做出明智的抉择。例如，带有洞的衣服或者看起来、穿起来有些痛苦的衣服都别上身。当然沾污了或毁坏了的衣服也必须在整理后才能再使用。

二、穿适合自己身型的衣服。穿着合身型的衣服看起来会比较高雅是真金白银般的事实。

合身型   不合身型

如果服装合身型，又能够发挥自己身材的优点，那就更加分了！但是该怎么做？或者应该注意什么事呢？

1.慎选能发挥身型的服装。我用两种比较有代表性的身型来举例：

葫芦（沙漏形）身型。因为腰线明显，比较容易表现身材的优点，只要选择修身的衣服就能突显自己的身型优势，但要注意别踏到雷区——式样复杂或太有装饰性的服装在葫芦身型的人身上会看起来胖甚至臃肿，会适得其反，让一副好身材看起来雄壮、肥胖或没身材。

不好的示范　　　　好的示范

葫芦型身型的穿着要点：凸显腰线，剪裁简洁

葫芦形身型比较适合柔软的料子

矩形（直筒形）的身型。因为没有明显的腰线，与其把重点放在修身的效果上不如把视觉的注意力引导至其他部位，例如颈部或肩线。在领口和肩线设计上呈现出女性柔和或纤细修长的感觉是不错的主意，身型纤细的女士也可以利用材质和花样增加飘逸灵动的气质，这也能发挥身型的优点！

矩形身型比较适合较挺的材质

2.衣服一定要合身。无论是何种身型，优雅的我们要确保衣服是合身的。它们不应该太小或太大，太长或太短，同时也要注意线条的平整和流畅（不应有如挂衣架所造成的凸起线条）。

与身材相貌无关，合身的衣服看起来就是不一样。太小、太大的衣服穿上身，都会打击到自己的颜值

三、多穿经典剪裁款
的服装。一位经常穿
经典剪裁款服饰的
丽人给人的印象必定
是：哇，她看起来总
是这么高贵、优雅！

经典剪裁的服装

所谓经典剪裁的服装：

女士的经典款包括正装式的外套、套装、裙子、长裤和衬衫等代表款。女士的单品可以有一些显得特别的"小细节"，如：纽扣、珠宝细节、带缺口的翻领、斜挎、领结、细小的荷叶边或罗纹，等等。

男士的经典服装，有正式的衬衫、西装外套及个性化的定制衬衫。细节部分包括袖口的纽扣装饰及绣上英文名字的前缀，等等。

当然，并不是所有上述的服装都属于经典剪裁款，能称得上"经典剪裁款"还需要吻合一些规则。例如：女士的裙子最短也要在膝盖的高度（可以长，不可以短），而且下摆的线条要均匀（非不规则）。另外，除非是适合自己的身型，高雅的女士们是不会为了追求时尚，去选择前卫的设计，如大喇叭裤或特殊的剪裁，这些衣服风行一时，就穿不出门了。如果预算有限，就更不值得奔在潮流的前线。

多了"小细节"不但能凸显个人品位，也能修饰身材

四、慎选优质面料。追求高雅，就得讲究品质!

前面提到高雅/优雅的女士们不会盲目地追求时尚，听起来好像有点低调，但在面料的选择上却是绝对要高调! 换句话说，高雅/优雅的人不追流行、不讲求天天穿新衣裳，但上身的衣服一定是好面料。

基本观念: 宁可少买几件价格亲民的化纤材料服装，也要买一件好面料的经典款服装，因为好的面料穿上身看起来就有质感。

好的面料具有以下几个特点: 布面平整有光泽、手感柔软，穿上身舒服、适体、透气。好面料包括丝绸、羊毛、羊绒、优质的蕾丝、莫代尔，等等。其次，一些天然混纺及化纤面料如莱卡、天丝等也可以考虑。

面料的差异其实挺视觉的。类似的款式用不同的面料做出来还真有差别，一分钱一分货，能够买到品质是值得的

如何把服装穿得高雅？在选材上除了材质要好，还有深入的学问。

1.面料选择要跟得上个人的身材和风格。例如，方方正正的矩形身材可以穿挺一点的料子，而拥有曲线的葫芦形身材就比较适合柔软的料子。

2.避免使用厚重面料。厚重面料不仅在视觉上会增加一些体积，而且线条的质感上也会比较差。

综合上述四点，即:平日就注重穿着，服装要合身，款式要经典，面料有质感! 这四点都会在视觉上营造出高雅的气质和氛围。

经典款, 实穿! 能百搭, 且经得住时间的考验!

在所有的时尚类型中, 我对经典款式装扮的投资最感兴趣。因为它们的线条简洁, 样式和剪裁经典, 很容易互相搭配, 而且这些样式和剪裁的服装从未赶过流行, 也从未退过流行, 所以可以穿很久很久 (我的经验是可以穿20—30年。听起来有点夸张, 但是, 是实情!)。

同时, 因为衣服很有质感, 不需要过多的装饰, 甚至不需要配件。

加上经典款式的衣服都是合身的, 它还真是会让我们好好地管理自己的身材, 真是省钱、省事, 好处多多。

注意: 千万不要误会, 以为经典剪裁款就是制式和古板, 它与陈旧老派完全是两个不同的维度, 所谓经典的制式剪裁也是百分百的要跟着时尚潮流和自己的年龄与身份走的。例如翻领的宽窄、腰身、下摆的长度等都是讲究要与时尚同步的。

秒变名媛

善用穿着的细节，秒变名媛。

名媛和高雅／优雅的女士在定义上不完全是同一回事！大部分的女士对自己的期望是作为一位高雅／优雅的女性，但也有部分女士，立志要成为名媛。"名媛"气质的堆砌除了个人修养、应对进退之外，也更强调穿着打扮的品质、品位与精致度！

电影《摘金奇缘》(*Crazy Rich Asians*) 对有钱人的描述大致分为两类：一类是有钱没品位的暴发户，如林佩克一家人总是穿着成套标志性的名牌服饰；另一类是有品位的有钱人，如杨紫琼扮演的杨艾莉与其夫家人在穿着上尽显高雅与品质，但看不见品牌的踪迹。电影里用了最直观的视觉来加强区分这两类人：穿着花花草草的名牌VS高雅素净但好品质的着装，其中多个穿着打扮风格的场景与我下面要说的名媛穿着重点还真能贴切地相互呼应。

如果您还没有看过这部电影，不要紧！上网找找欧洲王室成员们，如西班牙皇后 (Queen Letizia)、荷兰皇后 (Queen Maxima)、英国王妃 (Kate Middleton)，看看她们的穿着风格也能理解我提出的名媛形象创建的四个穿着重点，它们是穿对的颜色、搭配简洁有重点、能彰显气质的款式、配置有整体性。如果能把这四个穿着重点恰当地复制到自己身上，只要复制到位，任何一位女士都能呈现出名媛的模样！

名媛穿着解析

一、穿对的颜色。穿对的颜色会让我们看起来容光焕发，更受人瞩目，但是，选择颜色是一个大学问。首先，要弄清楚自己的肤色是属于冷色系还是暖色系？这需要通过分析发色、眼珠色及肤色等以后，才能找到适合的服饰与妆容的搭配色。

这里说的冷色系还是暖色系与色轮中说的冷暖色不完全相同（后面有注解），我有一个基础但准确度挺高的肤色分辨法分享。

分析自己肤色属性的两种简单自我测试：

• 在自然的阳光下，检测自己手腕的内侧皮肤，看看是偏黄？还是带粉？

• 一只手戴上金色手镯，另一只手戴上银色手镯，在镜子前轮流观察一下，是金色适合？还是银色更好看？

肤色偏黄与适合戴金色手镯的人暂定为暖色组，适合穿暖色系颜色的服装。肤色带粉与适合戴银色手镯的人暂定为冷色组，适合穿冷色系颜色的服装。若要更精准还得做进一步的专业测试。

另外，皮肤白皙又拥有一头乌黑头发的人多半属于冷色系。而暖色系皮肤的人通常具有健康的麦色皮肤。现在，我们来看看肤色在服装色彩选择上的差异和影响：

对照身着深蓝服装与水蓝服装的照片，显然地，左边的她肤色、发色与衣服颜色更相衬，整体看起来更出色！这出色的效果是来自于深蓝色的帮衬，由此可见她的肤色属于暖色系（蓝色色彩家族中也有冷暖色系之分，后面有色彩图与解说）

在搞清楚自己是什么颜色属性前，还有一个过渡的直觉判断法可以运用——视觉上看起来柔和的人，适合穿柔和的颜色，而高明度色彩和黑色则比较适合视觉上看起来比较有个性或皮肤颜色深的人穿。

有个性或皮肤颜色深的人穿高明度色彩和黑色显然比较适合(看起来酷酷的美女比较能驾驭张力大的颜色)

小黑裙火了这么多年，我特别想提一下，黑色不是每个人都适合穿！穿在适合的人身上，衣服会令人更出色，但穿在驾驭不了的人身上，只会凸显了衣服，而本尊却会被忽略了。意即：如果我们不想别人只看见自己的衣服而没看见脸的话，那小黑裙就不是每个人都适合穿的了！

左方美女让人一眼难忘她神秘又性感的容颜，而上方美女只会让人记得是穿了一身黑衣裳

除了黑色不是每个人都能驾驭外，粉红色也是很挑人的。例如，皮肤底色带红的人穿上粉红色看起来反而显得气色差（皮肤呈现出带绿的错觉）。

JaLo穿黑色衣服时看起来脸色红润，穿上粉红色脸色泛绿了……

Tip: 我们看到不同的颜色会有不同的感受，这说明我们赋予了颜色不同的个性和特征。在优雅呈现上，明度较低的中性色，如灰色、米色、海军蓝、李子色、翠绿色、香槟色、粉红色配白色等都是不出错的选择。

我们也可以在象征尊贵皇室颜色中的皇家蓝、绿色和金色当中多试试，找出属于自己的独特色彩。

金色有很多种哟，看看这样的配色是不是又好看又多了一份优雅和高贵？

每种颜色都有一个色彩家族，家族里的颜色有暖色，也有冷色。就色轮中冷色系的蓝色来说，比较浅的蓝色多半是冷色，但有少数比较深的蓝色是暖色调哦。所以没有所谓一定能穿的颜色或不能穿的颜色。

蓝色家族

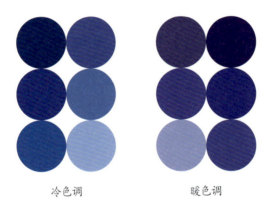

冷色调　　　　　　　暖色调

二、搭配简洁有重点。优雅、高级、高档的呈现都是以"少即是多"来开展的。高雅的穿着是保持服装与佩饰的简洁与和谐，在服装花式方面要避免使用大图案，或者不同的花色图案做上下款混搭，这里说的图案也包含品牌的Logo及被列为经典图案的小圆点和细条纹面料。

柔和的小图案面料可以做上下同款搭配，但也是要控制在小面积里！如果上下都是长款，最好是与单色面料搭配

饰品和珠宝的佩戴要简单利落，饰品和珠宝看的是品质，保持一个出色的重点就好。年轻的女士以精细小巧的配件做重叠式的搭配是OK的，但如果要呈现身份的尊贵，就不适合穿戴太多的配件或珠宝，过分炫耀的装饰会喧宾夺主地破坏身穿经典款服装给人的优雅印象，结果适得其反。

可可·香奈儿曾说：离开房子之前，请照镜子并脱掉一件配饰

Tip：欧洲王室的成员们大部分时候都是穿单色，为什么？因为单色简单式样的服装既大方又比较容易搭配，尤其是容易应对各种突发状况和场合。明白了这其中的大道理，我们也可以穿得像公主和王后！

三、穿彰显气质的款式。要想穿着高雅，在款式选择上有"三不要"原则：1.不要穿露出太多皮肤的衣服。2.不要穿太紧身的衣服。3.不要穿看起来廉价或印有低俗原始图案的材料。例如：豹纹，金银丝等。穿着这些图案和材料的服装直接就把你的身价拉下来了。

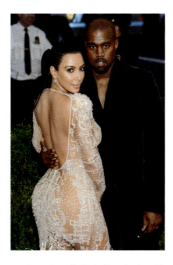

纵使是名人穿名牌结果也是一样啦！以Kim Kardashian为例，她从来只是被称为名人，没人认为她是名媛淑女的

在穿着材料的选择上，要避免踩到前面提的雷区，优雅的装扮不仅仅是外表让人看起来舒适，同时我们的仪表与打扮落在自己的眼里时，也会带动我们的内心。所以，在穿着上多用一些心思，气质也能被带动起来。

四、配置有整体性。配置有整体性主要是指选择与自己穿着相衬的配件与饰品，这些配饰包含皮包、鞋子、眼镜、手表、耳环、项链和头饰。所谓整体性的配置策略，指的是配饰的品质和风格要与服装相配，既不是超越也不是不及，同时尺寸大小也要与身材和个性相配。例如，如果脸大，要避免使用会加大脸部横向体积的宽型或大型耳环配饰，但也不能用太小的，因为对比之下也会让脸看起来有大的错觉，所以中型的尺寸最合适。又如，有一双美腿，也要小心！垂直条纹的长袜，或许会使自己的腿看起来更长，但也可能会使腿看起来太过细长，失去了平衡反而不美。

总而言之，太过强调优点也可能会弄巧成拙，最万无一失的方式是选择与自己的风格和体型相辅相成的配置。

让我们来看看下面的学习案例：
艾玛 (Amal Clooney) 是英国及黎巴嫩的律师，也是作家和社会活动家，如此忙碌的她怎么会有时间购物和张罗打扮呢？已被公认为自成一家的艾玛风格 (Amal Clooney Style) 想必是有一位大师级的时尚管家在身后。艾玛的社交美照很多，但都不允许公开使用。我凑合了两张图片来解释一下艾玛式的穿着打扮重点，好让读者们也能向这身后的高人学两手。

第一张图片的穿着是以明亮的颜色和坠性极佳的材质胜出的礼服。这身礼服式样简单但小心思满满，我们从下往上来欣赏：凸显的颜色包裹着高挑的身材，下身不经意的一个高衩裙，看似有意要展示美腿，其实是为了破除坠性极佳材质的长裙会看起来太重，失去了飘逸的感觉，现在开了高衩，行走之间衣缕飘飘，可看性和意境双高！再看上身的皱褶，这也非偶然之举，没有这漂亮的皱褶，上下比例就会失去平衡，反而破坏了主人公修长身材的优势……重点来了！上身的斜肩设计不但凸显了美好的肩部线条，同时也把焦点定在了上身，搭配强势的橘色耳环和口红巧妙地勾画出自信却不夸张的效果，正好让美丽的脸蛋成为游动之间的主题，起了画龙点睛的作用！整体的视觉信息就是：看我多自信、美丽！小心思真是满满的恰到好处！

第二张图片中的造型是身着一款看似没什么特殊之处却暗藏玄机的连衣裙。它的玄机不仅是在人人看得到的领口和腰身上的特殊剪裁（这些看起来不彰显的小细节，一边是提高了连衣裙难以驾驭的指数，另一边也就呈现出了主人的身材与气质），它更多的是在用色与材质的选择和整体搭配上：明度低的色彩带有金属光泽，相呼应地配上金色的高跟鞋和小型的手包，让这一身小连衣裙不夸张，但也绝不会淹没于人群之中。整体来看，领口和腰部的特殊剪裁正好恰如其分地表现出主人的身材优势（天鹅颈、细腰、长腿），而材质的使

用和配件的搭配也带出了低调奢华的正式感，这身简单利落的装扮在白天举办的正式场合中是既合宜又出彩。

选择这身装扮的最高明之处是在于它表现出了主人的身份和品位：无需张扬，就已光芒四射

关于风格

- 有一致性穿着可以完美地为个人的风格代言。
- 风格不仅仅是指服装，也是指行事的风格。
- 穿上一身好材质的经典款服装会自然地散发出一种自信，这种自我肯定的信心会让自己自在地低调行事，这种气质和风采反而更令人瞩目！

"穿出高雅气质"中的穿着要点和"秒变名媛"的四个细节要点，都能为自己的仪表立马加分，如果您能把这前后八个细节都做到位，那您如名媛般的高雅仪表也就架构起来了。

关于颜色

色轮中的颜色粗略分为两组，一组颜色在视觉上与太阳、温暖和火有关联，这些颜色因为能唤起人们温暖的感觉，所以被称为暖色，它们包括黄色、红色、橙色和它们的混合色。色轮中的另一组颜色给人一种冷静的感觉，它们包括绿色、蓝色、紫色和它们的混合色。

肤色属性中说的冷色系与暖色系与色轮中说的冷暖色不完全相同。肤色可细分为四类，就是我们常听到的春、夏、秋、冬四季；或粗分为两类，冷色系和暖色系。日本这方面做的研究很权威，想深入研究？大家可以上网查到一些资料。

行为识别

风度与举止

一个人的风度与品位
就在不经意的举手投足间

用六件事评出自己平日里的风度等级

当餐厅的服务人员在递冰水时不小心将一杯水泼到了您的身上,您会如何反应?

气恼? 心疼衣服? 觉得窘迫? 这些都是可能的情绪反应。可是, 我的一位朋友, 李小姐, 浅浅一笑地对着我们这桌朋友说:"哈哈, 她刚给我洗了一个冰水澡。"她这个反应不但舒解了当时的窘迫及混乱, 也引导大家能站在更高一点的视角, 共同沉静地处理了这次意外事件。

在这个真实的故事中, 我们看到并学习到了一个人的美好风度应该是个什么样子——李小姐担心服务人员的处境与窘迫, 甚于自己的情绪与不便。这种关怀别人的立场甚于自己处境的风度与我们平日看到的——在场面上做做面子或为了显示自己的慷慨给别人一点人情是完全不同的。(前者的出发点是为别人, 后者的出发点是为自己, 其胸怀和气度不是在同一个层面上的。)

朋友李小姐在餐厅被泼冷水的事件发生在20世纪90年代末, 前几年德国总理也被五杯啤酒泼上身, 其从容淡定的风度就摆在那儿了，令人佩服！如果以时间的先后来说，我的朋友李小姐可是德国总理的前辈呢！

风度是一种胸怀和气度

高贵优雅，才貌出众，这种求好、求美的心，人皆有之，但外貌会日益褪色，我更建议在那日益增色的风度上多下功夫。只是，该如何做呢？

形于外的美好风度是由三个模块形成的：仪态、思想和行为。美好的仪态可以自修，也能从美姿美仪课中学来，但举手投足之间散发出来的风度则是日常培养的胸怀和气度在发话，所以风度的形成是需要知识和自律的——能接纳新的知识和观念并时时警惕和规范自己的行为。

听起来好像有点难呢？确实不是那么容易，所以有风度的人不是随处可见的！在培育胸怀和气度方面的难点是，它不容易解说，要说得巨细靡遗更是不容易。不过它是做得到的，而且有方向可遵行，例如：

以大处着眼。清楚自己扮演的角色，该做的事情，把小心眼留在家里。尤其是以团体的方式出现在公共场合时，应该忽略个人的表现，以团体的表现为自己的表现。例如，即使是与朋友或家人在餐厅用餐这等小事，也能尊重大家的喜好，把自己见多识广的优越感留给自己，不要指手画脚。见微知著，气度就是从日常这些小事开始培养起的。

考虑别人的方便。尤其是在公共场所中，要考虑别人的需要和方便。例如，在艺廊中欣赏艺术创作时，在欣赏之余，也能考虑到自己所站立的位置是否会妨碍到别人的欣赏视线？或者占据了别人的欣赏机会？所谓胸怀，就是时时眼里、心里都有别人。

重视次序细节。对于次序考虑，不仅仅体现在大家都知道的长幼有序之伦理或先来后到的规则上，在礼节上也有次序的讲究。例如，为表达谢意送礼时，礼应送在别人帮忙之后，否则会让帮您忙的人感到尴尬，好像自己是为了礼物才帮忙似的。细致的处事行为会予人稳妥、有章法、有教养的印象。

得体的运用时机。顺风顺水的人生，确实能让人多一分优雅的气度，但风度并不是靠钱财撑起来的。时也，机也，机会是有时间敏感性的，时机过了，感觉就不是那么回事儿了。在生活中，爱的言语要适时表达，感谢与致歉要有诚意和及时；在事业上，适时和得体的运用时机更是必需的，与其平日鞠躬哈腰让人看轻了，不如在适当的时候给别人一个方便或协助更结人缘，也显得有风度。所谓风度，就是令人印象深刻的顺势之举。

考虑别人的感受。心中有把尺有个度。例如，当情不自禁地想炫耀自己拥有的物质或伴侣时，会考虑分享的对象或群体是否合适？或者会不会让对方有被比下去的难堪或伤感？反之，自己遇到这种情形时也能大度地一笑置之。其实炫耀也好，分享也好，都是人之常情；若能守着对人不逾分，护着自己不过度，就是风度。

凡事包容与谦虚。这是个人修养的体现，关键也是在关注别人的感受。例如，在行握手礼时，礼节上是男士应等待女士先伸出手，方可与女士行握手礼；如果遇到一位不懂礼数的男士先热情地伸出了手，女士若能若无其事地带着微笑地回握，这种包容就是风度。遇到别人向自己请教时，先声明这真是一个好问题，自己也曾经有过类似的困扰，再简单易懂地说明一下就好。孟子说：人之患，在好为人师，这句话在这种场合要记在心头，因为唯有把自己的优越感压下来，谦虚了，才是风度!

风度原本就是以实践见真理的胸怀和气度。前述讲的都是平日里的思维方式和行为习惯，只要留心就能做到，当自己的心性锻炼好，风度就自然而然地形之于外，如影相随了。

您现在的风度评级在哪儿?

【梅宝心语】
好的风度就是以广阔兼容的视角和心态来行和平的外在表达艺术。如果说，为参加一个2—3小时的社交场合做准备，学习得体的仪态和应对进退是必需的一堂课；那"风度"这门课，就不是一堂、两堂课的事了，它是在经年累月的"日常训练"中完成的。虽然准备时间长但也简单，它就一个方向：在生活中用心地安排与处理人、事、物之间的和谐。

在过往的经验里有少数朋友在实践的过程中遇到这样的挑战：想做，但做不来，或是面对行为改变时，有着不确定的"安全感"问题。这些状况多半是与自信心有关（因为对自己没有足够的信心，所以在实践过程中会患得患失，以致无法执行到底或者矫枉过正）。

在这方面我的建议是：从上述的6个练习中，先选"一个"与自己性格或生活习惯比较接近的项目开始，并告诉自己这是自律的锻炼，是自己的功课，不是做给别人看的。

围绕身边的人与事就是自己的生态环境，生态环境会决定我们眼界的高度和宽度。因为我们会把在这个环境中目之所及的最高目标当作自己努力的目标，有目标当然是好，但这个目标也会限制我们的眼界，甚至想象力——把自己的一亩三分地当作全世界，把自己的所知也当作是绝对的，但事实不然！所谓天外有天人外有人，说的就是这个道理。

因此，在谈形而上的风度之前，我们有必要先从现在的社会水平和国际水平的视角看看，或者重新衡量一下自己生活中的一些习以为常，看看有哪些与我们日夜为伍的小事情居然没有随着自己的见识增长而改进。

不亮钱包也能获得尊重的那些小事

如何让我们不亮钱包也能受人尊敬和尊重？这些年来很多公益性广告在推动着基础礼节，然而大家只是眼睛看看，却不觉得这些事情与自己有什么关系。

早上坐在五星酒店用餐，正想着昨天在星巴克听一位MBA高才生在谈"中西文化的差异与中国文化何去何从"话题时那种令我甚是错愕的言论（高才生说，吃饭、说话大声有什么关系？做人嘛，不要矫情！怎么高兴怎么来。）。

思绪还停留在昨天的当儿，突然眼前一闪，隔壁桌的年轻人向我前面的桌子走了过去，然后直接从餐桌上取了几个糖包再回到自己的座位上。前后就几秒钟的过程……

如果放慢动作，画面是这样的：我隔壁桌的客人理所当然地一言不发地走向别人的桌子，再一言不发地拿了别人桌上的糖包。而前桌的客人自始至终都是低着头，自顾自地嘴里吃着早餐连眼皮都没抬一下，一切就这么理所当然地进行着。

看到这儿，你心里有什么想法？或者在想：这有什么问题吗？

那我要说："亲爱的，我这是在借上面的场景画面，给你和下一代提个醒：当我们靠近别人的时候、在与别人之间的距离缩短的时候，要先开口说话！也就是出声示意！"

说什么？

不好意思，我可以拿几包糖吗？
不好意思，我可以坐在这里吗？
这位女士，这是您要的东西吗？

一方水土养一方人，每个地方都有不同的地方文化，地方文化很滋养人、很有人情味，但也有地域的局限性，放在现今的国际化社会里是会有些水土不服的。当然，这些年大家都非常留意地学习国际标准礼仪和文化，可是我们会出问题的地方往往不是在大规则上，而是生活中的细节暴露了我们还没学好、做好的那一部分，这直接影响了别人对我们的印象。不论我们从哪里来，出身如何，别人已经在心中给我们定了一个社会层次与等级。

拿个我在某次旅游时遇到的场景来说事：与一群陌生人站在一个名店门口等朋友，一个人从店里走了出来，朝我的方向一站，开口说:"这是你的东西吗?"我第一个反应就是先看看旁边站的两位男士,没人反应唉……我只好带着一脸诧异地问:"请问,你是在跟我说话吗?"

这种令我"不知所措"的事情,之后又连续发生了两次,这让我意识到:蛮多人在开口说话时是不"称呼"对方的。

这种情况或许是正常的事,对境外人士来说却会有些错愕,甚至会因为不理解而产生错误的印象。要是把整个场景搬到国外,尤其是在比较高档的社区,这不称呼人的举动一定是让人难以接受的,老外会很纳闷这人是怎么说话的?怎么这么没有礼貌?从另外一个角度来看,我们总是小心翼翼地经常把"请"和"谢谢"这些礼节挂在嘴上,也自认为真是有礼貌和懂礼貌的人,但差距还是摆在那里的!

一些"正常的小事"摆在大的环境或不同的环境时出了差错,那是因为我们懂得的礼节不够完全,以至于没做到位,给自己落了一个"上不了档次"的形象。

我们最初对礼节的认识,是从家庭与生活环境中来的。环境对一个人的影响是很大的,成长后的我们有必要重新审视自己的生活环境与礼节标准,尤其是当出国社交成为常态时,我们除了学习把世界名牌的名字发音正确外,也该想想:在地方文化强势的环境里我们忽略了哪些必要的礼节?甚至可以想一想:现有的大环境是否适合自己和孩子?我们是否可以主动为身边所爱的人做一些事情来改变环境? 当然, 像提升环境这种大事若由政府来推动会既有效率又能全面普及。不过, 在等待政府把国际标准的基础礼节普及为全国基础素养的同时, 我们是可以先从自己做起的。如, 重新评估我们周围的生态环境和自己生活中的小细节, 看看有些什么需要再打磨或修正的, 然后行动起来!

例如: 当自己与别人说话时, 先称呼别人的姓名或头衔。当进入别人的人身安全领域时, 先发出声音, 如前文提到的"糖包"例子。

再者, 平常在赶时间要快步超越别人的时候, 先说一声"对不起"或者"借过", 之后才超越。

凡事先"请问", 例如, 在公共场所入座前, 即使自己知道那位置是空的, 也应该问过坐在旁边的人: "请问, 这个位置有人坐吗? "在入座前, 向旁边座位的陌生人点个头, 微笑致意。

以上这些小事, 没有什么大道理、大学问, 它们都是前文提到的胸怀和气度培养后的行为反应, 既是一种日常礼貌, 也是教养的体现, 值得我们重新去留意观察和实践。

个人的力量有限, 要推动大道理不容易, 但从生活中一些尊重别人也能获得别人尊重的小事开始, 既能净化自己, 也能净化环境!

公民应有的社会责任

改变一个人的外在比较容易，因为外在的东西是有形的，透过视觉教育，很快就能有所体验和体会，所以仪表训练与提升的过程要比心理素质培养容易了解和接受；想当然的，仪表设计、仪表训练，甚至礼仪课程都有人参与和学习，而形象管理在中国的发展却还处在起步阶段。一是国人自身尚未意识到与生活品质和个人素养相关的个人价值与心理素质教育是一个"刚需"，二是国内的"专家们"普遍认为形象管理就是化妆、发型、穿着，或者仅仅是礼仪。

因触动而行动的故事书

也许是从外向内看比较容易看得清楚，在2014年我进入中国做教育工作之后，就意识到国内的人文文化状况，我当时在想：要如何把我的知识和心意分享给我的同胞？对提升祖国的人文环境如何能尽一分绵薄之力？所以，在为上市公司的总裁们做国际化素质提升训练之后，我选择了在高校里对MBA与MIB的学生授课，为的是有针对性地把在国内停留的有限时间做最大化的效能发挥。两年后，我开了面向社会大众的公众号，以分享在国内观察与学习的心得。立意为：与其指手画脚地说谁做得对不对，不如让我来说我的故事和经历，让有心人能透过我来看到更广的世界。同时，也让社会大众有机会来了解一下：一位专业形象管理顾问眼里看到的事情，是否与自己的观察不一样？差别又在哪里？

不讳言地，说故事的人通常说的是自己的观点与评论，所以我一直警惕自己要用专业的角度说专业的话。期望读者们在看了故事之后，会有所启发和开始思考，甚至动念做自己的判断与结论，而非人云亦云。

国人游客瑞士首映"我就是演员"

我这里要说的故事是"大国巨婴在瑞典被弃坟场事件"。朋友们可以上网找一找，这个故事有多种角度的评论，也让故事有了多种版本，这个事件充分显示了本地文化与国际视角的冲突及国内人文环境现状。对这个国人把在地文化领到国外去的事件，我很有感触！想在这里说一句：巨婴不是个人事件，它反映了一定的社会现象。

从这巨婴故事的引发，我们先客观地看看目前所处的环境和状况。

自觉是自疗的开始

为什么有时候在国外我们没有感觉到自己得到了相当的尊敬和尊重？首先我们要探讨一下的是：欧美那些已经有钱了几个世代的人，他们为什么那么低调？这不完全是个性的问题，而是他们觉得有这些钱不是什么了不起的事情，眼界够大的时候，那些能用钱买到的物质实在不算什么，不是吗？从另外一个角度来看，有心想强调自己的物质条件的人，反而不自觉地透露出自己只是一个"新的"有钱人。

这里我想说的是：当我们不经意地在一个安静的公众场合吆喝的时候，你可能没有注意到自己说话很大声，你可能更没想到别人认为我们是财大气粗（国外都知道中国人的购买力惊人，习惯在公众场合高声交谈）！其实这些无心之过，是来自于一些内在的原因。我们当时也许是炫富的心理，也许是平常就大声说话习惯了，不论是哪一种原因，它们都有一个共同点，那就是只想到或反应了自己的需求，没有敏感察觉到周围的环境与周围人的需求。

提升敏感力

说起来要往前迈一步其实并不困难。我们若能转变一个思考方式，提高自己的敏感力，让自己的行为匹配得了我们外在的华丽与尊贵，这可能是比学习如何穿得更有品位还要重要的一个课题。因为一个衣着朴实但教养良好的人会比一个穿着华丽不尊重别人的人得到更多的尊敬。但是我们该怎么做？怎么才能转变思考方式？我觉得单单学习礼仪是没有太多帮助的，因为知道归知道，做不做是另外一回事，所以现阶段重要的是观察力。

排查盲点

每个人对自己的行为其实多多少少都有盲点，因为看不到自己的问题，所以转变一个旧的习惯或者学习新的事物，都不是很容易的事情；在我的观察里，我发现在旧社会家里排行居中的孩子，通常在行为方面比较讨巧，因为既无法作为老大一开始就霸去了爷爷、奶奶的欢心，也不能作为老幺得到父母的更多关注，这求生存的自然法则就自然而然地出现了。所谓的老二，从小就会察言观色，看到大人说兄姊、弟妹什么问题的时候，他马上就悄悄地把自己的行为修正过来。所以我觉得学会观察的敏感力是有必要的! 观察自己! 观察别人! 观察环境!

认识当下的人文环境

关于前面提的巨婴故事, 无论是去到瑞典的那一家人还是根据网络消息和新闻进行围观与舌战的朋友们, 若能客观地多观察些, 应该不难弄懂此事件的中心点, 因为比对了环境、文化及媒体报道的不同角度就会得到更多信息。例如, 不论是什么原因或身在何处, 在周围环境和人看起来都很冷静的状态下, 当事人坐在地上大哭大叫并指手画脚地强说这是在为自己的权益说话, 这个画面是否有些牵强? 而围观的吃瓜群众以大义凛然的姿态和语词控诉他国之人的处理行为是亏待中国人, 看不起中国时, 这个说法是否也有些牵强? 当个人的失序行为或不当反应出现在国外及国际媒体平台时, 它是否在一定程度上反映出经济水平与文化水平不匹配的现象?

令人忧心的是有多少比例的国人是在类似的状态下而不自知? 例如, 特喜欢危言耸听的新闻并急着赶着凑热闹; 又例如, 出门前没打探好当地文化, 就在世界各地不自觉地散布并非中国传统的乡土文化……这些都是我们需要认真思考的问题。

以前不知道? 不打紧! 以前没想到? 也不打紧! 我们应该从现在开始有个正确的意识: 出国旅游除了准备好钱包外, 也要准备好了解当地或国际标准的文化, 揣着自己该有的风度和知识上路, 不但让旅游的价值更大化, 而且绝对旅游愉快。所以说, 形象提升的学习与认识在国内绝对是实质上的刚需。

【梅宝心语】

再次提醒，作为一位现代贵族，必须要有国际观和世界观。

优雅举止: 管理好自己的行为

30年前我受访于媒体时被要求为风度和气质下一个定义, 我当时是这么说的: "风度形于外, 气质蓄于内。"由此可见, 我一直认为, 风度是一个人的表达方式、能力和态度。至于女士的最佳风度, 那始于和善的态度, 成于优雅的举止表达能力。

优雅本身就是一种细化又巧妙的姿态, 不刻意却让人目眩神迷。所谓优雅举止即在举手投足之间予人精致又舒适美好的感觉! 乍见, 会为其外在的美好所折服; 细品, 又能领会其与世界和平共处的智慧。

这么精彩的呈现能力该如何做到/得到呢? 我个人认为优雅举止的培养是一门功夫课。为什么?

原因有二, 一是多年来不少人把举止优雅误解为手势和行进姿态要秀气或要有气场, 从而走在错误的道路上, 现在必须来个急转弯; 二是举止优雅不只是举手投足, 更是发自内心的待人接物, 也就是说真正的优雅举止不仅是一种姿态也是修养的呈现。所以, 从美仪美姿班中学到的走台步和兰花指动作在日常中既不实际, 看起来也有几分做作, 同时这些过于强调表现的肢体动作与自己的生活场景和穿着大多时候是不匹配的，在整体美感上反而会适得其反，难以为自己的形象加分。

正确的学习和培养优雅举止的方式，应该是从行为管理和情绪管理下手，并有效地抓住学习的核心重点，如：找对切入点——先了解自己哪些地方需要加强和修饰。

明确追求的方向和目标，就是明白那看似行云流水又收放自如的境界该是什么模样或标准。

根据以上的学习观念，我整理了一套简单、实用、贴身的训练优雅举止的必备指南，它涵盖了行为和情绪两大类（表相与内在双向兼顾），并以指标、解读及建议三个角度切入，既全面，也容易学、容易体会，在自我进修中能起到提纲挈领的功用。

关于行为管理，首先是要理解每个规则的标准和其模样，再比对出自己目前的不足之处并加以练习和实践，以期优雅举止的境界会悄悄地融入到生活中，成为自己的风度。

好好说话

说话时使用适当的语速、声量和语法，最好能引用广泛的词汇，并避免缩减式用词和过于口语化。

解析

一、语速方面，不快不慢的语速是最棒的。退而求其次的话，语速慢比语速快好，因为语速快会让人觉得慌慌张张不够稳定；而且，说话时如果声量适中，语速慢反而会给人一种深思熟虑和权威的感觉。这种印象和优雅还是很相融的。

二、声量方面，让对方容易听清楚你在说什么，讲话时尽量用明朗的音量说出来。太大声，容易让人觉得粗俗；太小声，容易让人觉得小家子气。

三、语法与词汇方面，用正式的措辞及合适或有必要的形容词。例如："偶举个栗子……"这话听起来是比较可爱；但优雅的人会说："让我来举个例子……"

"这人说话不讨人喜欢……"这句话听起来挺口语化的，也没什么不合适；但优雅的人会说："这个人的想法比较特别，有时候会说出让人意外的话……"

建议

一、利用意志控制自己的行为，例如说话时想着自己是位优雅的人士，说话的音调和措辞就会自然地顺应着心里的画面调整与修正。二、如果不习惯"好好地说话"，不打紧！建议你在镜子面前多练习角色扮演，也就是用自问自答的方式与自己对话。

注意，在镜子前练习才是正确的方法，否则当前面站着个人的时候自己就极可能说不出来了。

行进优雅

行动要优雅不是走个小姐步就能成就得了的，它其实是个硬功夫！想要走得优雅，不但要有正确的行进姿态，也要有像舞者般强健的腹肌和腿肌助力，才能在行动之间把动作串联得稳妥有韵律，看起来自然而不费力；行进间的行有余力自然会增添出优雅的氛围，这就是为什么舞者们走起路来都是那么轻盈优雅。

解析

一、正确的行进姿态。这是指无论身在何处或穿着如何，在行走时都要像个被行注目礼的名模。注意：不是要你走猫步，而是让你抬头挺胸带着正在被人瞩目和欣赏的自觉与自信来行走。

二、有强健的腹肌和腿肌在走路时才能走得漂亮，尤其是穿着高跟鞋走路时不但不容易感到累，而且会抬着脚一步一步地走，不会出现"拖着脚步"的状态。事实证明，穿高跟鞋走路确实会比穿平底鞋更优雅好看。

建议

一、在没达到舞者的境界前，选择一双适合自己高度的有跟鞋子。一双适合的有跟鞋子可以使您立即获得轻盈优雅。选鞋的重点是，选一双您能驾驭得了的鞋子！鞋子最高的高度是您踮着脚能坚持30秒站立和行走时的高度。

二、从练习姿态和走路方面来改善自己的优雅度。走路方面，如果平常不穿高跟鞋，建议先从平底鞋开始，鞋子的高度可以慢慢加上去，穿上鞋子练习上下楼梯，目标是要抬头挺胸走得轻快又不喘气。姿态方面，请在全长的镜子前面练习走动——注意手和腿及身体的配合动作。

显出自信

自信是一种气质、一种态度，自信的人自带吸引力！优雅的女士，不论你现在对自己的自信够不够高，但要做出/表现出有自信。因为对很多人来说，他们评断别人有没有自信看的就是对方的举动。也就是说，自信是一种举动，所以要尽可能地相信自己，并在举手投足间做出自信的样子来。

解析

做出/表现出自信。自信的举动是肯定的举动，包括手势与言语！手势不要太多或不可控，尤其要避免一开口就是抱歉或不确定的口吻！！如果自己做错了什么，只要诚恳说抱歉，并表明自己会相对应地负起责任就好。

注: 为做错的事情道歉, 是处理与善后。与前面提到"开口就是抱歉或不确定的口吻"是不同的情景, 这完全是两码事哟。

建议
一、做出自信的举动。如果缺乏自信, 可以借用洗脑的游戏: 以心理暗示的方式给自己做心理建设, 告诉自己——我是美丽的、有才华的! 我胸有成竹, 知道自己在做什么, 给自己打气。你的行动已表明你确实是知道自己在做什么呀! 你现在不是正在做吗?

二、信心是经验累积出来的一种状态。我们可以从追求想要的东西开始来锻炼或加强自己的自信。例如, 如果心醉于一种才艺或活动, 即使它是非常冷门或不受重视的, 如果我们坚持去追求, 这追求和坚持的过程就是一种自信心锻炼, 同时我们也是在向他人表达自己的信心。

绝佳的礼貌

真正的淑女不只是举止优雅而已, 她们一定有绝佳的礼貌, 尤其是吃饭的时候, 不仅是用餐进行中有良好的互动和举止, 同时也非常懂得和重视在盘子中取食与进食的礼节。

解析
一、取食与进食的礼节。在小处上该有的周到礼貌是中西皆然, 例如让年长和位高的人先取食, 夹菜时只取靠近自己位置的那一份, 如果有够不到的菜, 可以请邻座的人帮忙传递, 千万别站起来夹菜; 进食时从开始到结尾都要保持盘中的清爽, 在进食时按着从左到右、从下到上、从内到外的顺序享用盘中的食物。

二、良好的互动和举止。在餐桌礼仪中，良好的互动和举止与餐具使用的礼节同等重要。优雅的人做优雅的事，吃饭时要注意气氛，意即，用餐期间的交流和举止应保持轻柔愉悦的氛围，说话的口气与内容应该是听起来美好，想起来愉悦。

三、绝佳的礼貌。指的是随时随地对"所有人"都有礼貌；在一天中随时都是呈现与练习礼貌的机会，这包含"行个方便"与"给人余地"，如：看到别人大步急行时给别人让个路，开门时会给后面进来的人拉着门；又如：不揭人之短，不对自己看不上眼的人和事恶意评判，愿意接纳不美好的人与事。

建议
要成就绝佳的礼貌，我们得先给自己立个标准，那就是对待别人就像自己想被对待的样子。

说细一点，就是愿意时时注意和照顾到别人的方便和感受，至于细节部分多半是一些比较容易上手的技术性练习工作，我们可以在网上搜寻资料，在平日里多练手。

从行为管理上来建立优雅是捷径也是正途。如果我们每个人心中时时有一把衡量礼貌标准的尺，这标准不是指说客气话，而是眼里能看得见别人，能为别人着想，也会考虑别人的方便。例如，在任何场合都能做到有耐心地等待服务；开车的时候能遵守交通规则和有礼貌——坐在车里的自己，在大太阳天或下雨天时会在不妨碍规则与他人的情况下，给路人先行的方便——我们就是一位不靠头衔、不靠钱财多寡受人尊敬的高贵人士。

生活中有太多的小细节，可以让我们体会、观察和锻炼自己。不论是说话的方式、行为姿态、自信的表现……这些都是行为改变的功课，它们也是心性锻炼的法门！

优雅是装/妆不出来的，但可以做出来！

在成为优雅人士的路途上，比较大的挑战是情绪的管理，同学们只要跟紧脚步，你不仅会让别人刮目相看，最后连你都会佩服自己，我看好你，你一定行！

Bonus：
文章中，我提到优雅的姿态要靠强健的腹肌和腿肌。这里我先速急分享一个美体雕塑运动中可以加强腹肌、腿肌及美体线条的深蹲运动及DIY时的重要环节和重点：

A.深蹲的姿势要做对（双脚打开至肩膀的距离，蹲的时候是臀部向后坐）。

B.下蹲的时候，头要抬起来（胸部和脸部向前/看）。

C.做的时候要缩紧腹肌（把腹肌向背部后推）。

D.深蹲做完后，要做一下伸展：向前弯腰让身体自然下垂，以身体的重量来帮助腿部后方肌肉的伸展，这样做腿部线条才会美美哒。

深蹲真的可以把你的腿和臀部变美。建议每天至少做两套15+15个深蹲。

优雅举止：管理好用餐这件事

礼节和礼仪是两回事。礼节比较像是合乎情理的原则和规矩，当然规矩是会因区域、时代和文化的不同而有差异，所以说到礼节时是要参考背景与文化差异的。礼仪则是呈现个人的文化教养及与人为善的行为和举止。规矩随之而来的秩序是有遵守的意义，行为则是需要自发、自律和自勉的！

现在我们来看看在用餐的时候有哪些规矩，又有哪些我们可以发挥的余地。

该坐哪里？

中式的餐会通常是圆桌，座次是有分上座的，上座通常是对着风景，如果没有风景就是对着门（在视觉上掌握全局）。如果对着门的景观不好，再调整上座到视线之内最宽敞、最舒服的位置。通常主人坐在主客旁边，便于招呼。辈分最小的人，坐在最容易进出招呼的位置上。如果你的身份不是最大、也不是最小，那就挨着顺序坐。

西式的餐会通常是方桌（4人座）或长桌（5人及以上）。座次的考虑有主人、客人的身份顺序、谈话对象、男女交互而坐等。无论聚会的性质或场地如何，座位的安排是已经根据上面几个考虑点预先定好的。作为一位客人，你该做的事情不是估计你应该坐哪里，而是应该先站在旁边等女主人安排你该坐的位置。

无论是家庭聚会或正式聚会，座次的安排通常都是有讲究的，倒是年轻人的非正式聚会，通常可以随意一些。

一般餐桌礼节

吃中餐时，何时可以开动？这一点中餐礼节比较容易辨识，因为通常主人或者领导会招呼大家说开动了，这个时候只要等着主人或者领导先动筷子之后，就可以开动。

中餐的吃法通常是分食，所以要留意卫生习惯和整体秩序等细节

一、要用公筷公匙取食物。在取菜时，转桌子前，要先观察是否有同桌的人正在取菜，如果是，请把你的手先撤回来，不要给同桌人压力。

二、作为一般客人不要第一个动筷子，上菜后，要等主人或主客先动筷子，之后才可以取用。

三、取菜时只适合取面向自己的这一份，同时不可以翻搅公盘内的食物，每一次取的分量适当就好。如果喜欢，可以在大家都享用之后还有剩余的情况下，拿第二回。

四、有骨头类的食物，在食用完后可以把骨头留在自己碟子的上方。千万不要留在桌上。

五、吃东西时嘴巴要闭起来。

六、以食就口，而非以口就食。
就是要把碗端起来吃饭，把饭
菜送到口里，而不是弓着身体
就着盘子和碗吃饭。

吃西餐时，女主人就座，其他人才能就座。

何时可以开动？西餐桌上女主人是第一次序，女主人拿起餐巾表示
餐宴开始，女主人拿起刀叉后，其他人跟进。这时女主人通常会说
一句：Bon appétit（法语，好胃口的意思），大家跟着说一遍，才开
吃。吃的速度要留意，最好能跟大家保持一致。

何时结束？当女主人把餐巾放在桌子上时，这餐会就结束了，接着可
能是转移到另外一个房间或者就是散会。如果你吃得特别慢，女主
人就很为难了——要因为你一个人让大家都等着吗？

西餐通常是各人吃各人的一份。但在家庭聚会时，有时也是分食的。
要注意分食时的细节
一、当主人开始传递餐点的盘子时，你也有义务要拿起并传递自己眼
前的餐点盘子。

二、传递的顺序是：端起餐点盘子后，先问你左手边的客人要不要来
一点，帮他端着餐点盘子让他取用后，自己也取适量的分量放在盘

子里，再把餐点盘子交给右手边的客人，然后依序传下去。

三、如果桌上的餐点盘是在两个人之间的位置，男士要立刻伸手去端菜，而不是让女士不知所措地犹豫：要等你，还是自己要端起盘子？

如果女士碰到没有看过这篇文章的男士，这时候最好的处理方式是自然地把他带进该有的礼节里，你可以这么做——轻声地跟旁边这位男士说，麻烦你，帮我递一下这个菜好吗？

四、记得要夸赞食物的美味，这是必要的餐桌礼貌。

五、有些菜品注重的是调味，所以酱汁是最美味的。如法式料理，我们可以把面包先撕成一口大小，再蘸着酱汁吃。

六、遇到不知道如何处理的情况时，跟着女主人做就对了。

中西皆然的用餐注意事项

一、用餐时，拿餐具的手可以轻靠在桌沿，另外一只手应该很自然地放在自己的腿上。

二、嘴里有食物的时候不要说话。如果有人开口问你事情，你可以用手指一指自己的嘴，吃完再回话。

三、无论是用筷子或者叉子，一次就是一口的分量。

中西皆然的用餐忌讳事项

一、把手肘部放在桌子上。

二、用手杵着头，一副懒散或者无聊的样子。

三、起身取用食物或者调味料。

四、边吃边说话或者吃得太急促。

五、吃相不雅，如张开嘴巴或用舌舔食。

六、主人还未敬酒前，向别人敬酒。

七、喝酒的量多于主人。注：应比照主人的量，只能少不能多。

餐具使用礼节

中餐

吃饭时，使用公筷公匙取食。有些餐厅实行"双筷制"，也就是一个人配两双筷子，两双筷子颜色不一，各有分工，一双取食筷、一双进食筷。靠近自己的那一双是进食筷。

西餐

一、通常在餐具之间有一个大的主盘，叫作charger plate，主要是装饰餐桌，作为摆饰。不同餐厅对这主盘的做法不同，有些餐厅会在客人坐下之后就把盘子收走，有些餐厅会把这盘子留下，上菜的时候主盘的作用就成了垫盘及装饰，不过这大盘子在上甜点前一定会被收走的，这代表整套餐点已经顺利走完了。

二、无论有没有大的主盘在桌上，餐具摆放的位置是在座位的左右两侧，而且是按照出菜顺序摆的，也就是从最外围的餐具向内取用，意即，第一道菜是使用最外围的餐具，吃到最后一道菜，也就是最靠近餐盘的餐具了。

三、餐巾布有时候是放在主盘上中间的位置，有时候是放在右侧。当女主人或主人打开餐巾布时，你也应打开餐巾布放在腿上。

四、餐巾布是用来拭嘴角的，不是处理污物或口红的，污物应该用皮包中的面巾纸处理。

五、用餐期间不可以挥舞餐巾布或餐具。要说话时，先将手上拿着的餐具放下，再说话。最糟糕的事莫过于一边说着话一边飞舞着餐具。

六、使用过的餐具要放在盘子里，不可放回桌面。

把用餐礼仪做好

一、如果是在餐厅用餐，可以在预订的时间之前到达，如果是在别人家用餐，最好是准时到达，不至于打乱了主人的作息时间。

二、对服务人员保持礼貌，与服务员说话的时候要看着对方。

三、遵循所有用餐的基本知识是一定需要的。与家人外出用餐时，要先确认家人对用餐的礼节和礼仪也都了解。尤其是带着小孩子出门，做父母的不可以认为孩子还小，不需要讲规矩。因为餐桌上的规矩和行为不是只在"人前"用的, 而是平日就该具有, 到了公众场合只是一个检阅的机会。

四、要想优雅地享用美食, 平常的练习是必需的。有些食物是比较难处理的, 如果点餐的人不是自己, 极有可能会面对好吃却难处理的食物, 如带壳的大虾和螃蟹等。若你还没练习好, 在这种不确定自己能不能处理好的情况下, 我建议你不要动手。因为, 难处理的食物就是模仿别人的行为, 也是无法完全掌握的。

五、如果是比较特殊的餐点, 自己很想试一试又不知如何是好, 可以大方地请问身旁的人或者主人——这道菜的特色及器具的使用方式, 并且留意他们如何做。

六、吃的时候细嚼慢咽, 充分地享受食物的美味。让自己的心情、举止与食物一起融合在美好中。

七、参加正式晚宴, 多少要有一些准备。通常邀请函上会写服装要求 (dress code), 着装方式不可超过也不要不及。千万别自己定义各种状况, 我们可先找找资料, 了解一下正式的晚宴上会遇到的事情及处理的方式。有些不太了解的事情可以事先请教主人, 到了现场已胸有成竹自然会风度翩翩。

八、虽说是用餐, 但注意力的重心应该在用餐的气氛上, 而非只在食物上, 这是基本的礼貌; 所以, 纵使自己很内向, 对于女主人或主人提的话题多多少少要参与。

九、做个受人欢迎的人。用餐时需要考虑到在座的每个人，谈的话题不但要令人愉悦也要让每个人都有兴趣，能搭得上话。如果带着孩子一起参加餐会，事先要告诉孩子什么样的话题和行为是受欢迎的，有哪些忌讳要注意，确保自己的孩子也会受人欢迎。

有始有终

一、去别人家里吃饭，不可空手而去。记得带上一个小礼物，无论是一瓶酒、一束花或者一盒巧克力都很合适。我个人的经验是如果男女主人都非常有品位，带一盒上好的巧克力去是最保险的，因为每个人喜欢的花不一样，对酒的偏好也不一样，送这两样东西还是有一点点冒险。

二、在别人家里做客后，记得在三日内寄上一封感谢卡，卡片的内容包括稍微描述一下您所感受到的主人用心和辛劳、在餐会上令您印象深刻的事和物，最后是致谢的话。

【梅宝心语】

在形象提升中，大方向的掌握是重要的，小细节的学习是必需的。用餐文化与礼节是必须知道的基础知识，毕竟"吃"这件事情除了填饱肚子，也是联络感情和社交中最常见的场景。如果过去没有机会找到正确的资料或者一直有错误的认识，以上的"规矩"应该是很有帮助的。接下来我们继续讨论与优雅举止息息相关的"情绪管理"。

优雅举止：管理好自己的情绪

"如诗意般的优雅，不应该只有在岁月静好的时光里读书泼茶、拈花弄草的闲情逸致，更应该是身处困顿时，也能抬头看看那柳梢的月、檐角的星。"这话说的不只是意境而已，而是一个人的修养。一个人能在困顿的时候还有一颗清明的心、清晰的意识，恐怕是只有懂得情绪管理的人才做得到。

我们离诗意般的优雅还有多远？全在情绪管理之间！

接续行为管理来谈挑战性稍高的情绪管理。为什么情绪管理挑战性比较高？看看这两个事实：一、我们对自己的情绪不晓得也不太会控制。二、在个人修为方面，往往是在情绪环节上功亏一篑。最通俗的例子就是我们学了很多为人处世的知识和道理，在关键时却因不知如何安置自己一时的情绪，结果知识和道理全无用武之地……说到心坎里了吗？

所以说，情绪管理挑战性虽然稍高一些却具有关键性的作用，必须重视！现在，我带大家从日常生活中的情绪管理入门，好好补上作为一位优雅人士应该学会的情绪管理课。准备接棒啦——

一、时刻保持冷静。要保持冷静得先克服两种情绪：太过容易伤感和悲伤，如动不动就掉眼泪或剧烈地大哭；爱生气，如对他人大喊大叫并唯恐天下不乱地摆谱。这些行为都会与优雅隔着鸿沟，令优雅在瞬间毁灭！

优雅的人因为懂得保持冷静，在行为表现上有可控性，通常都是最后的赢家。

解析

过分情绪化的人与优雅隔着鸿沟。一位被视为优雅的人通常具有冷静和放松等特质，也就是说，举止上的优雅追根究底是来自于内在的修养和行为上有可控性；反之，过分情绪化的人即使有着好姿态也是少了一份优雅。

建议

凡事看得开。这花儿长得怎么样可能由不得自己，但把它开得灿烂，却是自己的天职。如果不是生死攸关的事情，那这事儿真是没有什么大不了的! 想开点，深呼吸，一次只处理一件事。这样做比较容易客观地看清楚事实——那些让自己情绪激动的事情可能只是因为时间上早一点、晚一点，或者是离理想有点距离，但真不值得把自己抛进情绪的旋涡里。

如果发现自己无法保持冷静，那就接受和面对自己的状态并原谅自己这方面的软弱，当下离开事发现场，找个地方先让自己冷静下来，之后再来处理。

二、不要太过在意。就像不要太情绪化一样，我们可以散发出多一点的理性，内心戏是我已与这个世界和解，遇事处变不惊，这一点点的出世感觉和样子会使我们显得更加古典和优雅。

解析

优雅是知性的和成熟的。太过情绪化的举止和印象，如容易兴奋或热情等表现都会使自己看起来孩子气或是像个孩子，以致被默认为可爱和不成熟，这与优雅是有距离的。

建议

把自己做人和处事的标准重新梳理一下。这里我可以给个标准和方向——同学们可以试试看自己能否在情绪和情感方面做到以下这个境界：多情而不牵挂，友善而又淡然。这是一门说起来轻巧，做起来不容易的功课，但是有这么一个标准挂在那儿，是一个提醒，也是一个警惕。

三、与众生为善。无论我们认为对方是否值得或应该得到自己的善意，对遇到的人都保持礼貌。当不好的事情发生时，自己应以尊重人的态度来应付所有的情况，不要表现出讽刺或使用被动式的攻击。

解析

上一篇提到"要有绝佳的礼貌"，指的是在正常的情况下做优雅的事，算是普通层次的自我要求。这里提到"与众生为善"，指的是在非常状况下也要能控制自己的情绪以礼待人，这是较高层次的自我要求。

优雅的人通常是高明在其情商，明白对人对事以礼相待是在尽自己的本分，无论对方是否值得或应得都该以礼相待。别人做错了什么，社会或团体自有一定的规则会做台面或台下的处理，用不着我们摆出一副划清界限的姿态，这也是给自己和当事人留一点必要的余地。

讽刺或被动式的攻击。其实遇到不满意的情况和事情时，会当面指手画脚的是少数人，大部分的人在面对状况时会采取非直接式的情绪反应或做出被动式的攻击，这些行为包括：规避做直接或明确的沟通，但会在言语间冷嘲热讽；对亲密关系或竞争关系感到恐惧时会不自觉地找借口或指责他人或扮演受害者的角色等；也有一些人想努力地保持优雅但内心情绪还没有跟上，以致在表面上看起来挺大气，却又时不时地见缝插针嘲讽一下或以反面式的恭维来掩饰和平衡自己愤怒的情绪。（你中枪了吗？）

建议

当自己有攻击的冲动时，用移情的方式让自己缓和下来。例如，面对那张令自己抓狂的脸时，幻想自己正在看着自己的祖母，然后开始告诫自己：道理就不用说了！怎么说得清？就顺着、让着他一点吧。我想每个人都应该有一个让自己可以柔软下来的人或画面，不妨现在就先找出来，当非常状况发生时就用得上了。"把不顺眼的人当自己的祖母来对待"也许是件可笑的事，但动念即转念，在那转念的瞬间，自己紧绷的神经和情绪就已经松下来了。真的，试试看！

四、有智慧地做自己。这里我要强调的是：避免仅仅是为了受到关注而去做一些愚蠢的事或动作！如何避免？最彻底的解决策略是看重自己！从认识自己、接受自己开始，接受自己有长处、也有短处；并适度地欣赏自己、做真实的自己。因为对自己不了解的人自信心是薄弱的，容易为了刷存在感或想引人注目而做出一些愚蠢的表现，虽然这是一种自然的心理反应，但结果是不理想的。因为以这种方式脱颖而出，所得到的评价往往是负面的，所以它是不可取的！

解析

为了受到关注去做一些愚蠢的事。这状况通常发生在与人对话时，我们为了表现不愚蠢而做出了愚蠢的事。例如，在对谈话主题不完全了解的情况下却去接话或勉强表示自己的意见，或者表现出对每个谈话主题都很了解并对每个话题都表示意见。其实，我们如果对自己很自在，就能够比较客观地看清事实：每个人都有自己的专长，提出主题的人必定对其话题有很深的了解。所以除非我们在这方面也是有所专长，否则绝不要为了"让别人看得起"而去自曝其短。

建议

遇到自己不熟悉的话题时，千万不要用自己有限的理解去附和话题。优雅的人在这种情况下会低调地请教对方的意见，做个好听众。我们可以坦然地表明对正在谈的主题了解不多，但有兴趣深入了解，请提出话题的人分享其见解。这种诚实又成熟的处理方式反而会受到他人的尊重和欣赏。

谈论自己真正了解的主题，或者说些合乎时事、时局或时尚的话题。切记，不要反复地重复着家常琐事，这会扼杀了所有营造出的优雅。

说到这儿，有没有察觉到：优雅举止就是内心高贵的情操从生活态度中反映到举止上？它是一种积极又正向的生活态度和表现，与一个人的财富是没有直接关系的。

决心和实践的毅力是变美、变好的法宝！大家可以随身揣着这两篇训练优雅举止的必备指南，没事看看，就当练武功心法。照着这些本就是平日、平时的生活细节有重点、有方向地打磨，心领神会后自然会影响到自己的应对态度和举止，久而久之变成了习惯，习惯就成了自然！你会听到、得到更多人的赞美，这些鼓励会让我们前进提升的脚步走得更轻快。

正面思考

情绪管理不是一件容易的事,明白了大方向并不代表在日常生活中就能得心应手地应用。多年的训练经验让我越来越肯定"正面思考"才是情绪管理的终极神丹,它可以在任何情况下让我们保持合理的掌控能力与心态,它的魔力在沟通上尤其显著!

在沟通上,"沟通意愿"这个课题是极为重要和关键的一环,沟通意愿与正面思考是一体两面。因为双方有意愿沟通,正面思考的技术才能进行到底,才得以应用。

用正面思考的方式和态度来提高自己的沟通意愿和看待眼前正在发生的事情,就是情绪管理!如何在生活中实践?以下的案例,可以让我们受到启发和找到答案。

案例一　面对自认为无法沟通的人时

在"正面思考"的课堂上,有人用一种激动的口气提出了以下的问题:

"有一些人就是不上道,已经跟他解释几遍了,他还是坚持要照自己的意思去做……像这样的人,我们还要跟他沟通吗?"

这样一个问题，作为指导者的我，当然是收到了、也了解了他的挑战——他是在暗示，有些人是无法沟通的! 没有沟通的必要。

我当时是这样回应的: 听起来，你好像已经感觉到沟通困难，在这种情况下，先放弃了沟通的意愿，是这样子吗? (他回说: 有些人就是没法沟通。)

我又问: 如果你必须要得到对方的协助或合作，面对这样的人你有没有解决方案? (他回说: 如果没办法，还是要沟通呗。)

我再问: 如果他手上有一百万的生意可以给你，你在跟他沟通前会不会先想一想或者准备一下该如何成功地沟通? (他想了一会儿才说: 应该会吧。)

我笑着对他说: 在你需要沟通的时候，心里是否可以想着"我把他拿下，就等于做了一百万的生意"，当你的沟通意愿提高了，沟通就能进行得比较顺畅吧? (他点了点头，换了一下坐姿。)

之后，我面对全体学员补充了一句话: 我不是在鼓励你们变得功利。这个举例是为了让你们理解——当自己的心态改变后，沟通的意愿才会提高，而沟通的效果也就跟着提高了。所以，帮自己一个忙: 不要事先设定别人和设限自己!

注: 在思考型的训练课程中，我的训练模式是让学生作为自己的老师，而我会把自己定位在训练中的指导者——带领学员们能自己看见、找到存在已久的盲点或黑洞。

案例二　未受到应有的尊敬时

以下的案例，是我与一位教授的对话：

L教授问：我听到你的课堂上常常传出笑声。可是我却常常因为学生不注意听讲，感觉很生气。

L说：现在的学生真是又笨又不听话，教导他们真是浪费我的时间与生命。

在面对课堂上的学生时，有这么沮丧的想法，可想而知，这位老师的教学情绪一定很低落。

我说：我能了解你的心情，因为你很在意，所以很失望。我不知道要如何安慰你，但是我可以和你分享我的经验：在遇到不听话的学生时，我会告诉自己——能为一两位认真求学的学生讲课，也是成就了我人生中重要的使命。这样想，我就觉得好多了。

在更多的意见交换后，L教授颇有心得地说：我理解你的意思了。你想告诉我：如果老师在课堂上能以"正面"的思考方式来面对学生，心情会比较稳定，课堂的气氛也会循环得更好、更健康。

案例三　面对思想负面的人时

在个人生活中，当你不被待见时，自然会开始挑剔或嫌弃自己爱人的种种不是，最终导致恶性循环，变成只会看见对方的短处。这时，"正面思考"绝对是一贴灵丹妙药，但这一贴药用起来是有点挑战性的，因为必须要能先找出症结，才能够用上这帖"正面思考"。

小妹心情沉重地诉说了她的近况：

她说："家家都有一本难念的经。我老公要求比较高，喜欢指责，常常破坏家庭生态。我呢，缺少智慧，所以会想不明白，会生气。最近的例子是：洗羊绒衫，他的方法是按照洗涤剂说明，我是想也没想的洗下去了，当然是洗坏了。一顿争执是难免的，我最生气的是他对我说：你不对，还回嘴！"

小妹是留洋的博士，听她陈述事情就知道是个有修养的人，她想知道：如何面对思想负面的人和自己压抑的情绪？

问题点一：压抑的情绪来自于对方，却要自己排解。
策略：先弄清楚让自己压抑和想不开的症结所在，再解套。

整体事件的症结是：她要的自尊，老公给不了！老公要的认错，她不想给！

这"不想给"的缘由是：对自尊心强的人来说，当我们被厉声指责时，直觉的反应是维护自己的自尊心，在这种"状况"下顾不上认错！尤其，对方还用了教育小孩子的口吻。所以，不！想！给！

这个案例告诉我们：无论多亲密的关系，说话也是要谨慎用词的！"回嘴！"这词儿像是大人批判小孩。不合适的！

弄清楚了事情的症结点之后，可以找个大家都心平气和的时间，以就事论事的方式直白地告诉对方，自己不能接受的是什么事情？并告诉对方希望被对待的方式是什么。

问题点二: 人生伴侣是个思想负面的人时, 这日子要怎么过?

过日子还是要分"过今天的日子还是过未来的日子？"如果只过今天的日子，我可以说: 你就想开一点，不要太过在意吧! 若是过未来的日子，那必须得双管齐下! 不但自己能想得开，还要能够影响对方往好的方向发展。当然，让一个思想负面的人改变不容易，而且改变也不是一天两天的事，所以是需要一点策略的。

策略: 改变别人挺难的，那么把重点放在——做自己能做到的"正面思考"! 例如:

• 看重对方的优点。可以这么想: 他蛮能干的, 还会自己动手洗羊毛衫。(能这么想，念头就转了，也比较不生气了。)

• 做个心大的人。例如, 适时地称赞他的优点: 你真是个仔细的人, 我要向你学习。(这话一出口，你就立刻有了主导的地位。)

• 分享自己的阳光。不仅是口头称赞，也真的去欣赏对方的优点，如: 花点时间欣赏他的杰作。(思考负面的人通常是内心缺乏自信的，只有在有了足够的信心后，才会放下不必要的盔甲并从善如流。虽然出发点是为了帮助他，但愿意分享阳光的人，也会被阳光普照。)

与思考负面的人相处非常不容易，因为他翻译讯息的解析程序跟正面思考的人完全不同，若用自己的思维模式去猜测、揣测都是行不通的。最好的办法就是戴上"正面的有色眼镜"去美化它：用正面思考的方式来"面对"沟通困难的时刻！用分享自己阳光的方式，潜移默化地帮助对方改善思考方式于无形。日积月累下来双方都会有好的收获，而且这种共同成长的经验是千金不换的！

希望以上三个案例能让你在沟通上和情绪管理上有一些新的想法或启发。

想检验一下自己是不是思考负面的人吗?
思考负面的人通常会有以下的反应：

• 很容易把事情想得很糟糕。
• 总觉得别人是冲着自己来的。

- 常怀疑别人的意图。
- 觉得自己时常处在"不顺"的情况下。

如果你时常有以上这些想法，那得要好好自问一下：这些（负面的）想法是因为自己"缺"了一些运气？别人不懂得欣赏自己？还是自己不够"真心地"欣赏自己？

【梅宝心语】

改变思考方式为"正面思考"的DIY模式是：要学会"欣赏"，欣赏自己、欣赏事情。试着经常"特意地"找出事情好的一面，例如，纵使你不喜欢对方给你的礼物，你也能"看到""感受到"对方给予的心意，从而感到喜悦。

祝你能从一地鸡毛蒜皮中成功地展现出自己的优雅之姿！别误会，这绝对不是挖苦，而是至高的赞美之词，因为生活本来就是如此！而优雅本身就是锤炼出来的，没有半点侥幸！

语言交流

语言交流有高度和层级之分

优雅的交谈艺术：让别人喜欢和自己说话

在语言沟通上，许多人都认为交流中最大的困难是：如何使别人能喜欢听我说话？其实，这是个知难行易的问题。如果能够弄清楚"交流"畅通的关键是什么，在实践的时候就容易多了。

首先，想清楚谈话是双方或多方的交流，当一方说话时，另一方就得听。所以，花精力在训练自己如何能说得口舌生花固然是好，但能放一些精力在学习如何洞察交流时的情景及对方的实质与情感需求上，效果也会显著。

在找到合适的口才训练前，有些人确实会有些沟通障碍，例如，常感到别人不喜欢与自己交流。这里有几个要诀，可以实实在在地改善状况：

一、如果自己不善表达，就做个好"听众"。让对方有机会抒发自己的意见，也适时地在他人的话题上表达一点小意见，同时佐以倾听的神态，一样会让他人觉得，我们是一个好的谈话对象。毕竟，谈话的过程，还是需要聆听的一方——总不能两个人一起说吧？

从人性上来看，我们每一个人感受最深刻的是自己的情绪，如果我们让对方有机会畅快地对着听众诉说自己的见解与想法—— 一场"交流"下来，纵使自己怯于表达意见，但适时的反应，如点头，做点脸部表情；搭腔、应声；你猜怎么着？对方会因自己的表现欲和自尊心得到满足了，而认为这是一次非常好的交流。是的，天晓得！从头到尾我们只说了"嗯啊"10次，对方也会盼望着与我们再次"交流"，只因为我们是个好"听众"。

二、当自己是表达的一方，说话要切题。试想，一个话题到了自己手上就跑偏了，这种情况谁会喜欢和自己对话？所以，当话语权到自己手上时，一定要沿着原来的题目走下去，千万别让"话题一到自己手上就转了方向"这种事情发生。

三、说话要有条理。先说重点，如：什么人、什么事、在哪里，然后观察对方的反应，如果对方的反应是有兴趣听下去，才谈细节，如事情是如何发生发展的，否则，就此打住。这样的说话模式既有条理又让人尊重。

四、说话内容不要只谈自己，或者只谈自己有兴趣的话题，要让在场的每一个人都能/想参与。顾及和照顾到别人立场与感受的交流是自己该有的风度，有风度的人自然招人喜欢。

五、闲话家常时最好是以关心别人的话题和方式来开场，想与人交谈，自己却想不出题材来主动带出话题时，可以闲话家常或者谈谈最近发生的时事也是一个好主意。但不要谈及别人的、自己的和他人的私事，私事包括年龄、薪水、感情状态，等等。这一点在与不同文化的人交流时，尤其要注意。

六、当自己与别人有不同意见时，大可以说出自己有不同的见解，但陈述时要客观。在言谈中，不要以"我对，你错"的口吻或态度对人说话。同时，在言论中也应该强调一下这是自己的个人见解，以这种方式带入不同的见解不仅说明了自己的立场也是提醒他人要客观以对。这种有担当的风度也是受人敬重的。

若是能做到以上这六点要诀，虽然不能保证每个人都喜欢听你说话，但确实可以让人愿意与你交流。

再者，许多事情要拆开来看，才能看到不同的角度，沟通一事上也是一样。当自己换一个角度来看沟通的情景与状态时，我们会发现与人相谈甚欢，不完全是取决于谈话的内容，而是说话时的态度和口气决定了交流的顺畅与否。

有心改善自己说话技巧的朋友，不妨换个不同的角度来了解自己的问题，我们可以诚心地请教周遭的好朋友，问问他们与自己交谈时，最欣赏自己的是哪几点？最受不了的又是哪几点？

信或不信？我们可能会很惊讶自己所得到的答案！甚至会惊讶地发现，在知道问题点后，我们也能努力达成自己一直想追求的沟通境界。

Tip:

一、时时和颜悦色地好好说话，定能令人如沐春风，喜欢与你交谈。所谓良言一句三冬暖。

二、交换意见时，掌握循序渐进的节奏，并让双方各占一半说话的机会。

三、好口才的人，通常都是知识丰富的人，所以平日留心新闻及周围的人、事、物，加上一些通俗的社交技巧，如：幽自己一默、赞美别人的见解、以轻快的语调与心情谈论事情，我们也会是具有社交魅力的高手。

【梅宝心语】

想要别人如何待你，如何与你说话，你就要如此待人，如此与人说话，自然会使不论是听者或说者，都是你愉我悦了！

如果与自己说话的人不和颜悦色，咱们克制一下，先别想着与他一比高下，不妨想想是否值得为了一个人或一点小事失了自己的风度，转了这个念头，也就比较容易敞开胸怀地问问对方是否有什么不开心的事。这种关切他人的心胸，才是把自己推向社交高手的直达车。

使用语音、语调和语气的魔力

沟通技术大致分为：语言性沟通及非语言性沟通（亦称肢体语言或视觉讯息）。

语言性沟通应注意的事项大致为：交谈的时机、交谈的礼貌、交谈的技巧、契机的掌握、声音的辅助等。

而非语言信息则包含了：脸部表情、手势、姿态、目光接触、空间距离、肢体的接触等，这些因素都可成为沟通的技巧，用来增强自己的沟通能力。

这些沟通的事情说起来好像也不难，不过就是上面说的这些原则罢了，但真要理解起来、实行起来可能就有点摸不着头脑了。

例如，丁小姐想要约李先生谈一谈下一期的广告预算，所以拨了个电话给李先生说："李先生，您周二有空吗？我想约您见个面。"李先生说："噢！我看看我的时间表，再打过去给您，好吗？"

这段谈话中，丁小姐用了"开放式的谈话"技巧——您有空吗？这是沟通技巧中"双向沟通"的基本概念。

如果把上述那段简单的对话"语音化"，可能就复杂了些。

如，丁小姐用的是低沉、缓慢的调子，加上柔软的语气说出了以上的话，李先生听在耳里，心里可能会小鹿乱跳，心想：李小姐是在请求一个私人的约会吗？

另一边，如果李先生回答时用的是短促的调子，加上简洁的语气，可能会让丁小姐认为，李先生是"拒人于千里之外"，心里可能要难受一阵子。

这就是声音辅助中的语音、语调的使用可以无心或有心地传达出更多讯息的例子。

这小小的例子说明了：语言性沟通中，因为有语音、语调及语气的介入，纵使一段小小的对话，都是可以牵动情绪的，这也是我当年在台湾推出的一个原创训练与用词：声音有表情。是的，声音是有表情的！所以纵使只是电话交谈，也要注意自己所制造出来的"语音形象"。

我们再进一步看看，如果把原来那段简单的对话"现场化"，并假设如果丁小姐是在李先生的办公室门口说："李先生您周二有空吗？我想约您谈一谈。"

那丁小姐的脸部表情、姿态、目光接触的方式、穿着，不就可以传递更复杂、或者说更强烈的信息了吗?！

这就是非语言性沟通的介入了。

简言之，沟通与交流不只是说什么、还涉及怎么说，及怎么以肢体与视觉进行演绎。看到这里，是否有了较明确的概念了呢? 想了解更多? 继续看下去。

【梅宝心语】

在与人面对面谈话时，要注意的不仅是自己要说的内容，也要注意自己的穿着打扮，姿态及眼神是否与要表达的目的是一致的。当然，亲和力、说服力和信赖度也是可以说得出来、做得出来的。

如果想要了解自己说话的音调是如何传到别人耳里的，可以用一本8开或更大开本的书，从中打开，使其成"∨"型，把自己的脸靠近书本中说话，反射到你耳里的声音，就是别人听到的你的音调与音质。

语言之外的魅力

交流和沟通中有不少技巧与技术可以好好运用，但在交谈的艺术上特别要关注的则是：时机的掌握！在生活和社交中，善于掌握时机或创造时机，就如说话恰如其分一样，都是创造社交魅力之匙。

一位懂得创造时机的人，知道如何主动营造一个谈话的气氛和契机，这种行动不仅会自然地刻画出一个个性化的鲜明形象，其个人魅力也会表露无遗。

例如：当一位女士想要和另一位陌生女士说话时，与其张开嘴就说，不如先传送出一个非语言的信号——微笑，借此来营造说话的契机，然后待对方有反应时，再友善地开口交谈，如此不是显得优雅些吗？再者，女士如果想要和一位陌生男士说话时，可以先传送出一个微笑并加上眼神的接触，这眼神

开口前先高明地传送出自己的魅力

接触的时间如果稍长一些，传出的信号就是"我有兴趣认识你"，之后，就是等对方走向你，你才不失高雅地开口说话。这不仅是成功地营造了一个好的契机，而且也把自己摆在了一个好的位置。

在成功地创造了说话的契机之后，说话的内容也要能恰如其分，二者合一才能创造出具有"社交魅力"的形象。要如何做才能够把话说到恰如其分呢？这还是有些规则可循的，例如，以双方的立场与意图为前提来考虑这话该如何说，能够说多少，再使用斟酌过后的用词，通常是能说得恰当的。

举个例子来说：同事介绍了一位男士给你认识，事后同事关心地问你：你对这个人的印象如何？有没有意思再进一步交往？此时，你如果说：我觉得不是很适合……（在你的立场，你可能认为自己是很婉转地表达了自己的想法，但朋友听来可能是你嫌弃他介绍了一个不靠谱的人给你。）这可能伤了你朋友的面子，也得罪了朋友；如果你说：我觉得不错……但后来才知道原来对方并不中意你，这不是让你很失面子？

因此，比较好的应对方式是考虑双方的立场，并试图了解对方的意图，所以你可以这么说：唉！不知道人家对我印象怎么样？我怎么好说自己的意见。如此的对答，既得体又不失礼，不仅维护了自己的立场，同时也打开了一个对话。一旦有了对话，不但能得到更多的信息，也会了解到对方的意图。所以说，与人交谈话不要说得过早或说得太多，以免交浅言深或自曝其短。

有些朋友可能会认为以上的说话方式是转弯抹角或者矫情，这是站在基础的要求点上来衡量"如何说话"的标准，想法并没有错，就像随便抓件衣服套在身上也是穿衣服。但是对自己人生与品质有要求的人，就会愿意多花些心思在与他人的相处模式上……这心思、这意愿就像是要穿得漂亮还要给自己买花戴一样：愿意多做一件事、愿意多走几步路，只为营造一个有追求的美好境界！换句话说，我们嫌弃的这个转弯抹角的工夫，也许就是我们欠缺的那份女人香。

交流的技术和技巧

肢体语言堪称交流技术中的一项"秘密武器"。如前文提到，在开口前可以先用表情或眼神接触，给出一些言语之外的信息，以便达到较好的预期效果。

让我以案例解析的方式来分享在交流中如何使用这门技术及它的效果。

生活中处处都有故事，你有！我也有！在我生活中的小故事有一些是很值得分享的。例如，一般人都认为美国人非常直，勇于表达自己的意见，说话不拐弯抹角，不过这个特性是因人、因事、因情况而异，就如我们家那位有传统价值观的美国学者老爷常常是比我还不直。

前两周去了圣地亚哥当地人推崇的法式餐厅，餐厅不大，但是很可爱，布置得蛮有品位。我在点了餐点之后就晃到了洗手间去瞧瞧，因为我认为鉴定餐厅层级标准是需要看洗手间的！

一路走过去，发现墙上挂了许多年度评鉴奖章，还有一个蛮有意思的海报，上面写着：如果你没有钱去巴黎，就来我们的餐厅体验一下巴黎。

我觉得这句话蛮有广告效益的，让人印象深刻，容易记得。不过，也显得这家餐厅的主人自我感觉特别良好，认为自己绝对具有原汁原味的特色，那真是很让人期待了！

当我回到座位的时候，我的餐点与咖啡也到了，兴奋又迫不及待地将餐巾布铺在腿上的同时，眼睛望着我点的东西，咦，很意外地发现：我点的拿铁是装在一个中号大小的碗里，需要用双手捧着喝，这不打紧；但这捧在手里的拿铁居然只是微温，这可是个问题了。

我很惊讶地望着坐在对面的老爷，想先从他的脸上找到一点蛛丝马迹……聪明的他看到我的脸色，心知肚明地问我："你的咖啡是热的还是冷的？"

啊哈！难不成两杯咖啡都是冷的？！

还真巧，这时老板正礼貌性地走过来，问了一声："一切都好吗？"先生是一个有礼貌的白人学者，点头微笑说："很好！"那时的我除了面带微笑地凝视着老板外，并没有回答。这时他迟疑了一下，看起来像是正在做决定——离开还是留下？然后他问了我：一切都好吗？我依旧带着微笑轻声地说了一句："不是太好！咖啡是冷的。"

他听了我的回答后，一边撤下我与我先生的咖啡，一边说："这就是为什么我会过来问的原因，因为我想确定我们的服务品质，我现在立刻帮你换上新的咖啡。"我点头向他说："那就太好了，麻烦你了！"

在老板走后，我与先生边等咖啡边聊起了天，我们对这家餐厅分享了彼此的观点，也对刚才发生的事情做了一个小小的讨论，并对碰到类似这种"冷咖啡"服务性事件时，是应该说实话还是说客气话交换了意见。

细节就不多说了，聊天后的小结果是：

这家餐厅是真能如他们自己所形容的：能够给消费者一个体验巴黎的经验吗？我们共同的观点是——这家餐厅只能算是"可以"，装潢与装饰上是有一些法国的情调，但没有充分反映出巴黎的特色。

被老板殷勤询问时应该说客气话？还是实话？交换意见后，我这位有礼貌的先生同意了我的观点：应该说实话！好给对方一个改正的机会。

解析

我是这么开始沟通的: 微笑地凝视着老板+注视时间超过了正常的秒数:

这"凝视"的视觉性信息立刻从礼貌的对望转为想进一步联系的暗示, 就像是在说: 我有话要说哟。当老板在抉择: 要询问我的意见还是离开时, 我脸上的微笑给了他一个安全的保证, 所以, 他接受了我发出的视觉信息, 并做了一个互动的回应。

注: 这个"冷咖啡"事件, 餐厅主人显然是受了我视觉信息的鼓励才有后面的动作, 要不然他也不会有那"犹豫"的片刻。说起来, 我还真帮了这餐厅主人一把, 让他有机会以行动反映自己的经营理念、层次及服务风格。而我, 也得以优雅地喝到我的热拿铁!

就这个案例而言, 当然我还可以用另一个沟通方式: 表达直接到位, 以礼貌的语气让老板帮我换一杯咖啡。

为何要表达直接到位? 因为, 如果碰到一家对品质要求与服务意愿不高的餐厅时, 只说咖啡是冷的, 大概会得到一声抱歉, 或者还有可能会争执, 弄得一肚子气且还达不到自己的要求, 倒不如直接说: 请您换一杯咖啡!

消费者需要用礼貌的语气提出要求吗? 如果交流的目的是沟通和告知对方自己的需求, 那就像是请人帮我们做件事一样, 好的态度会让人有意愿帮忙。

现在来说说，为什么"直话直说、勇于表达的美国人"没有说实话呢？我想有些人会很了解个中原因，道理很简单：怕麻烦，也不想面对可能的冲突。

这种情形也可以视为"沟通障碍"的例子：当我们用自己的假设和理解去判断一件事情时，会先入为主失去客观性，以致在交流沟通的路上，一开始就走错了。

这起咖啡事件也折射出当事人在沟通与处理事情上的抉择与反应多半是出于个人的性格和经验，与文化关系不大。

【梅宝心语】

在这个案例上，消费者当下的客气或息事宁人当然是善意，但如果自己终究是介意对方的错误，那这不声张的方式反而是对双方都不公平的。因为自己没有一个好的经验，也没有给对方一个修正错误的机会。所以，我建议消费者还是应该要和平而善意地反映自己的消费经验；小心谨慎一点的，可以用我的方法试试：先以身体语言试探对方的反应如何，再决定用什么方式来说？或者要不要说？至于提供服务的商家，还真该鼓励消费者反映他们的消费经验。

这家餐厅的灰、米、褐色调，是我喜欢的色调，但是无法代表巴黎或者法国。如果他们没有在洗手间放上那句引人注目的话，我对它的评价还是很高的；现在除了在洗手间的那句话外，并未成功地营造出与法国巴黎能相联结的特殊性，反而减分了。所以，这也是一个值得警惕的好案例，当我们给自己下注解的时候不要一厢情愿，想着别人会如何接受这事和情，自然就会客观许多！这也是沟通中的技术和技巧！

温莎公爵夫人的应对技巧

如何在交流时做得面面俱到，玲珑剔透，是一种修养，也是一种境界的追求。

在形象的训练与教学中，我个人觉得最难解说的是"进退应对"与"分寸掌握"，因为进退的应对与文化、场合、身份都有关系，而分寸掌握讲的是一分一寸地拿捏，如何面面俱到，玲珑剔透，是一种修养，也是一种境界的追求。要解释如此细微的事，不是很容易，但对追求更高境界的我们来说，这一部分又不可忽略。所以，我还是得回个头，说一说这语言交流中的最高技术——知分寸的得体应对。

温莎公爵夫人 (The Duchess of Windson) 在参加柏兰女士 (Mrs. Pauline de Rothschild) 的宴会时，品尝了一道菜，叫冷麻辣鸡肉，觉得美味极了。夫人很想知道这道菜是如何做的，但夫人也了解柏兰女士与她一样是嫁到欧洲的美国人，习惯上并不愿意与他人分享自己的私房菜谱，所以，聪明的夫人就开口赞美这道菜的美味，并向柏兰女士提出要这道菜的食谱；一点也不意外，柏兰女士回答："好！我等一会儿给你。"之后，一餐饭都要结束了，柏兰女士始终没有进一步的动作；这时，公爵夫人就在没人注意的情况下，切下自己盘里的一小块鸡肉，用餐巾包起来，放在手袋里，准备拿回去给她的大厨师做分析与研究。

这个例子显现了公爵夫人掌握了形象学中"识别"的要诀：知道自己的身份，了解别人的立场，在对"双方"立场的认知下，聪明又高雅地取得自己想要的东西。

试想，如果夫人在猜到柏兰女士根本不会给自己食谱的情况下，就问也不问地自己切一块鸡肉收起来，这举动要是落在他人的眼里是不是"太不雅"了？现在，在台面上问过主人的情况下，所做的举动就是大家都心知肚明的事，情况自然是不一样的！

再者，如果夫人追着向柏兰女士要食谱，这举动又会落于"小家子气"。当然，夫人也可以选择——太麻烦了！算了！不要了！但这不会是温莎公爵夫人的性格，因为如果她是一个那么容易放弃的人，她今天可能还是辛普森夫人呢。

【梅宝心语】

学习交流时的分寸掌握，第一要件就是：要先识别自己的身份与立场，同时也要客观地了解对方的立场；第二，在与人互动时，对自己该做的事，该有的动作，一定要做到位。意即，千万不要自己认为"对方可能不在意"或"对方可能不懂"而少做了，因为少做的这几步常常就显现出自己社交能力的层次落差。

非语言交流

以肢体做表达，
在开口前先赢得好感或注意力

开放姿态：传递优雅、诚意与接受

前面提到了肢体语言中的脸部表情和目光注视，我们应该可以感受到，运用了几个"小动作"就能起到变化和作用，那如果我们用整个身体来说话呢？

当然，其作用是更大的！

身姿本身就带有信息，例如，有些人只是站在那儿，我们就觉得她优雅、有气质！身姿，不仅仅是指有令人称羡的身材，还有比身材更重要的姿势与姿态，它能完全展现出一个人的风度和气质。

优雅的身姿是从最基础的站姿、坐姿和走姿开始来学习，好的姿势/姿态不仅会显现出优雅自信的风采，也可以调整与保持健康的身形结构。注意，姿势是行动间的举手投足，姿态则是整体的形态。

"挺胸。抬头。向前看。"

小时候总是听大人这么要求自己。说的人可能也不知道这姿势/姿态里有什么学问，就是觉得这样比较有精神，比较好。

不过它还真有这种作用——我们的姿势/姿态会牵动我们的情绪。有质疑? 那我们可以实际演练一下体会它的效果:

想一想闲逛时的身心感觉, 然后走几步……再直立站挺并保持警觉的状态进展几分钟, 想一想这时的身心感觉是什么?

情绪是不是很不一样? 这个体验反映的不只是个人的经验而已, 也是在印证研究已经证实的结果: 姿势的改变会立即影响我们的情绪和大脑功能。

2003年, 俄亥俄州立大学进行的一项研究发现, 姿势和情绪直接相关; 报告中指出: 简单的身休运动不但会影响人们对主题的思考方式, 而且会带动更积极和有创意的想法。

研究中发现, 点头"是"的举动使人们更加自信; 摇头"不"会产生相反的效果并降低自信度。研究人员从数据中得出的结论是: 身体动作及手势不仅可辅助我们与他人的交流成果, 也会影响我们的观点。研究中还发现: 一些脸部运动, 例如微笑, 会影响我们的态度。准确地说: 我们的面部表情不仅是反映情感, 它也具有引导的功能——会引发情感。

另一项涉及哥伦比亚大学62名学生的研究中, 哈佛商学院的研究人员发现: 姿势会影响我们的态度和记忆力, 例如, 让学生们在演讲之前先做一些力量姿势 (Power Pose) , 会提高学生的表现力。

现在是不是很想知道什么是力量姿势？不着急，后面有解说！我先接着介绍与力量姿势相关但使用率更高、更全面的开放姿态 (Open Posture)。

开放姿态 (Open Posture) 是先站稳或者坐好，肩膀向后伸展，手臂自然下垂放在身躯的两侧。整体目标是展开身体！让别人很容易看到自己的胸部，腹部和下肢。

说"开放姿态"是一系列所向无敌的肢体语言并不为过，因为它不仅呈现出正面、诚恳、接纳和交流意愿等视觉信息，它还对我们自身有能量、肯定与自信等引导和暗示功能；这不是我们随时随地都需要的最佳辅助交流工具与技术吗？

这么好的一个工具和技术，得好好地介绍一下。那我就借应征工作的场景来详细解说一下实际运用细节。

在应聘工作前，可以事前准备的工作，除了预习可能会被问到的问题外，如何制造一个成功的第一印象，也是事前需要准备及预习的重点工作。

"成功的第一印象"在应聘的场景下，主要是指视觉的讯息，也就是穿着及举止。如：应聘者在应聘主管级的工作时，无论男女都应该穿着外套，因为外套的搭配会给人有"份量"和"正式"的感觉，加上在与面试官相谈时巧妙地运用"开放"姿态，这"正式"＋"开放"的策略，可以帮助应聘者制造出一个"成功"的印象。

面试的场景下，见到面试官时是点头为礼，还是握手为礼，要看面试官的招呼方式做回应。总之，应聘者是不可以主动握手的

全套的"开放姿态"在面对面的应聘场景下是这么用的：

以姿势/姿态制造氛围

一、相见时，上身挺直，两手很自然地放在身体的两侧。自我介绍时：微笑，往前跨一步，鞠躬或迎着面试者伸出的手做握手礼，报上自己的名字后，说一句：请多指教。此刻不可以主动握手。

二、入座时，坐好、坐稳。大约四分之三的腿部舒适地坐在椅子上，不要深陷在椅子里，但要坐实，要保证自己能够容易地站起来。

三、坐定后，全程使用开放坐姿。胸部开展，女士是双腿并拢，两手轻轻相握或相叠，很自然地放在腿上，身体朝着要面对的人微微前倾，制造出一个积极参与谈话的氛围，但千万别太前倾，因为太前倾的姿态会给人一种"急切"或"攻击"的印象。

四、交流时，介入脸部表情。当面试官说话时，应聘者要有脸部表情，例如，微侧着头表示认真地在倾听对方的见解，并时不时面带微笑地轻点头部，当作回应。

五、谈到重点时，放松视线范围和焦点。当视觉焦点范围定得太小时，紧迫感和压迫感就会产生，所以，应聘者应有意地把视线范围定在面试官的上半身，而非脸部；视线的焦点则定在对方的头部，而非眼睛。在自己感到紧张时，千万别将视线焦点放在对方的眼睛上，那会让交谈的气氛更紧张，甚至压迫。

以姿势／姿态改善气氛

六、僵局时，以姿势来破解僵局。在交谈的过程中，如果遇到"僵局"或意见相左的情况时，我们可以在调整幅度不是太大的情况下，稍为移动一下自己的手或脚或身体的角度，然后再重新起头问对方的看法及建议，这种韵律上的破局可以创造新节奏甚至出现转机。然而，大幅度地起身再重新入座的动作，虽可以达到控制场面的效果，但面试官却可能会有"被冒犯"的不适感。

以上这六个肢体技术可以单独使用，也可以交叉使用。它们在许多场合都适用而且应该足够使用了。

这里要强调一下：着重姿势／姿态不是一种假装或摆谱的行为，它实际上是会改变我们体内的荷尔蒙的。积极的姿势不但会增加我们身体中的睾丸激素水平，也能降低大脑中压力激素的皮质醇水平。所以，在应聘工作前练习开放的姿态，在应聘面试时再多注意一下细节的应用，应该会帮助自己提高自信心和成功率。

我们一生当中会经历多种"应聘"场景，如：谈新的对象、见对方的父母，等等。所以，前述所言的每一个技巧和细节对任何人，任何场景，甚至平常日都是很有用的。它不仅能促进好的人际关系，也会为自己创造正面的机会和良好形象。

Tip：
好的社交肢体语言，包含：
- 姿态：保持姿态开放，因为它能表达开放坦率、专注和接纳。
- 距离：保持社交安全和舒适的距离。
- 目光：保持适当稳定的目光接触。
- 微笑：保持真诚、温暖与和缓的微笑。
- 手势：保持适当大小、频率和速度，配合说话的内容令受众感到亲和有重点。

【梅宝心语】

开放姿态（Open Posture）：在交流过程中使用开放姿态是运用身体形式来传达比语言更有影响力的视觉信息，它传递的信息包含着用心与感情的参与，会让对方感受到自己的诚意。再者，姿势是会改变心态的，有意地使用开放姿势/姿态会带动自己更有参与力与接受力。

开放姿态中的每一个姿势的细节都是在做视觉暗示：制造气氛，控制气氛，改善气氛，懂得运用姿势/姿态做视觉"暗示"，就是多添了一项才能/技能，其功能处处可用，功效处处可见。

有些事情是经过酝酿后自然而然发生的，而不是一蹴而就的。姿态就是其一，所以我们平日就要利用各种机会来练习开放式的姿势/姿态，并试着在不同场合以姿势/姿态制造及改善气氛。

力量姿态：展现气场、优势与自信

肢体语言是他人如何看待我们的核心，这也会影响我们对自己的信心。什么样的肢体语言才是自信且有力量的呢？

在视觉世界中，想表达力量和自信的信息，就需要使用强大而自信的肢体语言。落地的说法是：当肢体占用较多的空间时，会显得自己重要，并在视觉世界中占据一席之地。

作为一名女性职场精英，具有强大而自信的肢体语言对我们而言是有帮助的，因为无须过多的言语，正确姿势和姿态的暗示就足以让其他人将我们视为自信又有力量的女性精英。

We don't go to the office to be nice and make friends.
（我们不是去办公室做好人和交朋友的）
We go to have an impact.
（我们去办公室是贡献和产生影响力的）

现在我们来谈一谈和力量姿态有关的女性自信姿态。

什么样的站姿和坐姿会传递出强大的视觉信息呢？

Part1, 女性的自信站姿

首先我们要认清一个事实：身高有创造力量和气势的自然优势。大多数女性身材比男士矮，所以在职场中，女士有时候会莫名其妙地感到自己气势不足，现在想一想，是不是与身材矮小有点关系？虽然我没有魔术棒可以帮小姐姐们增加身高，但我有一些很棒的TIPS，保证能让你不但看起来有自信，也能感受到有自信。

一、站好

我们可以把画面定格在：女超人的姿势The Wonder Woman（一个有力量的女性象征）。还记得她的姿势吗？两只脚牢牢地站立在地上，挺胸抬头，双手自信地放在臀部上。

在职场中或平常的日子里，我们倒是不需要做到这么极致的地步，能把以下几点做好，气势也就足够了。

1.双脚站稳。将脚牢牢地固定在地面上，可以把重心放在两只脚上，或者后面的那只脚上，然后夹臀、收腹。

2.肩膀放松。肩膀向后夹紧，双臂向两侧下垂，然后肩膀有意识地放下、放松直至感到舒适。切忌不要耸肩。

3.抬头向前。头部微抬是自信，但不是像"贵族"一样高高地抬起下巴，太夸张了会有反效果。

肩膀放松，面带微笑，头部微抬，这一气呵成的自信姿势是非常有说服力的

4. 站直。假设有一根线绑在头顶，将您的头向上拉，直到与您的脊椎对齐为止，整体的站姿看起来应是从头到脚在一条垂直线上。

Tip: 良好站姿所呈现出的语言是：我们为自己的身份感到自豪。所以良好站姿就是自信的站姿!

二、确保足够的空间

"女超人"的姿势是一种扩张性姿势，想增加自己的气势? 可以模仿女超人站姿的要点：站立时双脚分开与肩同宽，这是男人和女人都可以使用的经典型力量姿势。研究显示，这种开阔姿势有助于提高睾丸激素的水平，同时能降低压力荷尔蒙皮质醇。当我们担任领导角色或希望自己的团队认为我们有信心时，可以采用这种姿势。

Tip: 女士可以将一只脚稍稍放在另一只脚的前面，这样就能保留一些属于女性的优雅，又能比一般女性化的站姿多占了一些空间，使自己在所处的环境中显得稳定、可靠和自信。

三、用姿态展现力量

姿态是自信、优雅和力量的核心。在视觉世界中，占用多的空间时自己的信心会增强，所以在必要的情况下，我们可以使用一些姿势使自己的身体在视觉空间上显得大。例如，双手叉腰是增加自己的势力范围，信心会提高；但是在平日里我们不需要用到这么大的幅度，只需随时保持肩膀略微向后推，扩张胸部，挺胸并保持眼睛向前直视就很有力量了。

Tip: 无论是在街上行走或穿梭在办公室之间，都应随时保持这种姿态，让它成为自己的第二天性：属于自己的标志。

四、与团队成员保持一致

站立在有台阶或不平坦的地面上时,要避免"矮人一截"的状况发生,至少要确保自己的高度能与团队中其他人处于同一水平。不要倾斜身体,因为倾斜时,不仅显得矮一些,而且看起来懒散,有损"具有自信心"的形象。

矮个子的人在团体中更要注意抬头挺胸,伸长脖子,让气势提上来。

左二为错误的示范

Tip: 关于自信站姿的最后也是最重要的建议: 时刻收紧腹部! 紧实的腹部和臀部对每个人都有吸引力,当腹部收紧站立时,身高在视觉上也会增加一些。

Part2, 女性的自信坐姿

对女性而言,坐下时不适合分开膝盖,尤其是在我们穿着裙子的情况下。然而，房间里的男人可能是膝盖分开地坐着，单是膝盖部分就占领了较多的空间，那我们该如何显示出自己的自信呢？优雅的女性没法用太多的腿部姿势来表现出自信和气势的形象，但是，我们仍然有一些可用的秘密武器，如下：

一、坐得舒适

同样的规则：肩膀向后，脊椎挺直，头部放在适当的位置。好的规则在哪儿都适用，不过，任何规则都禁不起矫枉过正。试想，如果我们只是这样坐着，是不是会显得太正式了？甚至会让他人感到我们挺防卫的……"全面性"的正确坐姿是：坐得挺，但坐得放松！也就是说，既要看起来有气势，又要让人们放心。例如，我们可以坐直但让身体的一侧靠着椅子的手把作为支持，身体在得到支持的情况下，肌肉可以更好地放松，这与僵硬地坐着在生理上和视觉上是大不相同的。

自信的人是可以与环境融合的人，我们不一定要一直保持着完美的姿势，但是要知道如何在重要的时候保持完美的姿态和气势

二、坐出气势

如果是在长时间的会议场合，必须坐得舒适，修正坐姿为：较深入地坐在椅子里，偶尔背部可以向后靠在椅背上，并将肘部放在座椅的扶手上，沿着扶手的长度延伸前臂，让手悬在边缘上。画面应该是：很放松，但不懈怠；优雅的女人总是保持肩膀向后、抬头，通过将手臂放在扶手上，我们可以占用较大的空间来展现信心。

Tip：与强调高雅的淑女姿态不同，我们的双臂不是靠拢着身体并双手交叠地放在腿上，而是保持良好的姿势但通过双臂的开展以上半身肢体占领空间，创造出优雅和力量并进的形象。

三、用可控的手势

在商业环境中，过多的手势和身体动作很容易被误解为缺乏控制力，别人可能很难将我们视为认真的专业人员，所以站坐之间能保持镇定和控制气氛是很重要的。我们可以用肢体来扩张空间，但手势得要可控，将动作保持在最低限度，反而会引导别人认真地对待自己。

和社交场合的餐桌礼仪不同，在会议桌上，双手是可以放在桌子上方的。肩膀放松，前臂自然下垂，将手肘直接伸到自己面前的桌上。如果还不习惯这种扩展空间的姿态，可以在手中握一支笔，这既是一种稳定情绪的方法，也是以增加视觉焦点来扩展无形视觉空间的方式。但不可手握着笔摇晃或者玩起笔来，那会显得自己不稳重或很烦躁。另外，留意在紧张时别做出自我安抚的手势动作，如：玩头发，将头发塞在耳后，摸自己的脸或调整衣服，这些动作可能是紧张下的缓解动作，但会被认为太女性化，有损自己的专业形象。

Tip： 手放在桌上时，时不时地把手掌向上，让大家看得到你的手掌，这个肢体信息是：我很开诚布公。通过这个小细节，诚恳、诚实和开放的印象就融入整体的肢体语言讯息里，它会中和略显霸道的肢体语言，转霸道的印象为自信的印象！妙吧？

四、用加强的手势

根据肢体语言专家的说法，"祈祷手势是一个对自己充满信心的手势"。这种类似祈祷的手势

是两手指尖接触——用一只手的手指支撑另一只手的手指，形成一个拱形。这是一种自信的手势，看起来是对自己和周围的人都充满信心，挺有权威性。但这种手势在需要团队协作的时候，要避免使用，因为如果使用得太多，或者用的时机不当，会给人一种过分自信/自大的印象。

Tip： 当自己已经掌握了权力或者希望其他人认为自己是有信心的时候，祈祷手势是非常有效的肢体语言。它能帮自己给出言语之外的暗示，不过这么厉害的手势往往是一把双刃剑，要慎重使用。

五、并拢双腿的细节

坐下时，弯曲膝盖成直角，确保膝盖与臀部平齐或略高于臀部，脚平放在地板上，是标准姿态。就如前言所说，在扩张肢体语言中，女性的腿部姿态没有可发挥的空间，并拢双腿就是最合适的姿态。不过，在心理学中的肢体语言里，脚可是我们心理态度的直接反映。例如，当脚直接指向某一个人时，反映的是友好和对对方的谈话有兴趣。如果脚指向远处或指向出口，则显露出我们的心里正在考虑离开及没有兴趣继续交谈。所以，与有权力的人谈话时，务必将脚指向他们，因为这表明对他们的尊重。

六、头部位置VS眼神交流

头部倾斜表示真诚的兴趣和好奇心。女性和儿童会下意识地以这种非语言方式表达敬意，从而获得同情和保护。

在商业环境中，我们的价值与其他人对自己的喜欢程度没有"直接的"关系，而是因技能、经验、创造力和职业道德等来显示我们的价值。职场中的个人能力和价值在于提供结果和解决方案，而不是反映在自己争取了办公室多少人的好感上。所以，传达柔弱性和顺从性的头部倾斜姿势在职场环境下并不可取，正确的做法是：尽量将头部的倾斜度控制到最小，避免缺乏权威或力量的印象。想要亲和？把注意力放在眼神的交流上！使用眼神交流＋微笑来传达自己的自信、友善和平易近人。

Tip: 在商务会议上发言时，善用肢体语言的魔法。例如，讲话时，我们边说话边将头部从左向右缓慢转动，转动的同时注视每个人几秒钟，这个动作是在告诉每个人：我很重视你！这会拉拢在场所有人的心，并让他人对自己说的话认真以待。另，说话时保持眼神交流是表明对自己的观点有信心，不怕他人向自己提问。

肢体语言是他人如何看待我们的核心，它也会影响我们对自己的信心。当我们采用自信、有力的肢体语言时，无论自己内心的感觉如何，周围的人都会将我们视为"自信"和"有能力"的，我们也会与别人的反应产生再共鸣。这再共鸣是来自于：当我们看到、感受到别人将自己视为一个自信的人时，这会影响我们对自己的认知，让我们肯定自己确实是一个自信、有力量的女人！

何不试试上述成功女士"自信气场"的肢体动作？让这些肢体动作成为自己语言技巧的一部分，为我们开启一个良性的交流循环，创建一个有力量的个人品牌形象！

最后，别忘了，自信而友善的微笑是自己最好的装饰！

注：力量姿势（Power Pose），是良好但强势的姿势，首先确保身躯是开展的，肩膀不要向前倾或向上耸，而是向后打开。我们可以这么做：将手放在腰间或臀部上方，深呼吸几次后保持挺胸的位置，然后将手轻松放下，并打起12分精神，想象自己就是（女）超人，这就是力量姿势。

【 梅宝心语 】

也许在成长的过程中，我们曾被教导：做一个好女孩要安静，不要打扰人，要尽量少占用空间，但在团体中这些好品质会使自己变小、变得容易被忽视；我们当然不需要模仿男士，那只会显示自己的品位很差，但我们需要坐得挺直，显出自己的自信与沉稳。

女性天生会用言语和手势来表达自己和情绪，我们以各种手势、面部表情、身体姿态和动作参与在对话中，在家人和朋友中，女性的肢体语言是一种另类表情，它代表了联系和情感，这是属于女性的特有品质，应该好好保留！但只能保留在自己的私人领域里！

不可或缺的TA

与优雅女士交相辉映的秘诀

成功人士的坐姿和站相

除了MBA的课程外，讲座中听课的对象多半是女性。纵使在课堂中，男士总是挺照顾女同学的，包括在提问环节时也常常礼让女同学，以致，男士关于自身的问题常常是留在了嘴里。

对于这种谦让，我挺有感触的。感触什么？你猜猜看……不过，这不是重点！重点是在应该特别照顾一下这些内向的风度男了，让他们的风度也能翩翩起舞！

男士比较喜欢单刀直入，我们就先从基础的"如何在动与静之间像个成功人士"开始吧。

Part1，关于站立

自信和成功是两面一体的。自信的肢体语言可以使自己更加自信是已经被证实的理论。所谓自信的站姿是即使实际上并不自信，也要表现出自信。

对此，我们可以使用一些技巧来实现这一目标。

一、立得笔直。

高高地站着，让自己在空间中站有一席之地。笔直的站立姿态看起来就是充满信心，权威和镇定，这种良好的姿势对他人的看法有很大帮助。正确的做法是站定后，保持腹部核心的紧实感，将双肩向后伸展的同时刻意地将上半身的肌肉放松，尤其是肩膀。

二、以宽阔的姿势站住脚。

以正确的姿势与姿态显示出自信，站的时候，双脚分开牢牢地踩在了地面上，脚尖向外指，力求臀部、肩膀与双脚保持在同一垂直水平线上。注意，男士双脚并拢站立会显得胆怯。

三、抬起下巴和头部并时刻保持。

肢体语言专家和《肢体语言优势》一书的作者莉莲·格拉斯 (Lillian Glass) 说，你需要时刻抬头。她说："有信心的人总是抬头，永远不要低头看着桌子，地面或别人的脚。"

四、与他人交谈时身体朝向对方。

与他人交谈时，除了进行眼神交流外，要留心将脚尖向外倾斜并朝向与自己正在说话的人，以显示自己的兴趣，信任和接纳感。

五、说话语速要缓慢而清晰。

配合自己的站立姿态，说话速度适中是最好，如果难以控制，宁可说得慢不要说得快，因为说得慢反而会有权威性。如果没有很好的见解，宁可保持沉默，不要说些无意义的场面话。

六、保持双手可见。

把手从口袋里掏出来，站立时，让别人看得见你的双手，说话时，尽量让别人看到你的手掌，这些都是正面友善的视觉暗示。

七、大步行走。

保持一步约一尺的距离，当然，身高腿长的人步子应更大一点。大步行走会让自己和受众都感觉到气势和气场。

Tip: 站立的时候，将双脚分开，比肩宽稍宽或至少是同宽，双脚稳定地站在地上，整个姿势应该看起来坚实而阳刚。抬起头，自信地直视前方，不要过分靠拢或远离他人，也不要低头注视别人的脚。

注: 双腿分开也是显现男性性别的姿态。

Part2, 关于就座

坐吧! 是一条简单的指令，但在规则的检视下却是最容易出错的一个姿态；从工作面试到约会，从解开外套的扣子到拉出椅子坐下⋯⋯从此刻开始，自己的坐姿就成为今天会议或约会的基调，直接影响了成功与否的结果。

如果你认为自己理所当然地知道该如何坐下来，那请你先

暂时把这个既定的想法搁一边，看看我在这件事上要说些什么。

男人应该怎么坐?

一、从自信地接近椅子开始。

椅子就在那儿,没有人会移动它,当我们向椅子走过去的时候,无须盯着它,在远远的目测之后,抬头、眼睛看着前方,自信地走过去。当然,我们可以在走路的过程中对房间有个整体的概念,但绝非东张西望。

二、要解开西装外套。

在就座之前,外套或夹克的纽扣应该已经解开,避免坐下来时外套呈现紧绷状态。那不但会坐得不舒服,而且外套的材质会被紧扣的线条纹路影响而变形,同时纽扣也很容易脱落。

三、准备好裤子的空间。

到了椅子的位置时,转身背对着椅子,先用小腿的背部轻触椅子(这是为了安全,不是礼节),为了裤子材质在膝盖周围伸展和膨胀的需要,坐下后可以轻轻拉动调整一下裤子,然后坐好、肩膀向后与脊柱排成一线。

四、让自己舒服。

舒适而安定地坐着,不要坐立不安,减少不必要的换姿势动作。如果坐了一段时间,可以浅浅地轻抬臀部移至椅子的后部,双手放在膝盖上,避免彼此摆弄或坐着时轻敲。如果没有信心控制自己的旧习惯,可以双手交叠轻轻地握着。

五、安静地坐着。

双腿占据了身体的大部分比例，当它们移动时，其他人很难不被它们分散注意力。因此：

勿摇动双腿，它暗示着焦虑或不安的感觉；勿轻拍脚趾，它的视觉信息是不耐烦或着急。

六、坐下时，脚放在适宜的位置。

最常见的问题是：双腿可以交叉吗？这个问题其实没有标准答案，因为双腿所呈现的姿态可以发出不同的信号，例如自信度、开诚布公、男子气概，等等。在不同的场景中会有不同的评价。我现在以图示的方式做个综合性解说。

首先，膝盖保持并拢时是指双腿相隔2到10英寸（1英寸=2.54厘米）。对男生而言，这是非常不舒服的姿态，除非是空间距离不许可，否则不鼓励这个坐姿。

双脚前伸＋膝盖伸展，膝盖大约相距11-24英寸，当然膝盖相距的距离是要与身材成正比调整的。这个坐姿被称为优势坐

姿或开放坐姿，而且挺舒服的，
是最被推崇的坐姿。从沟通的
角度来看，这个版本也是最可
取的。

上身微向前倾表示专注时，双脚可
以微微内收，以保持平衡

再看，双腿在上方交叉，这个坐姿在欧洲很普遍。交叉的双腿是隐藏
自己的男子气概，但也意味着自己在建立一个堡垒。在商务场合，这
种坐姿透出的视觉信息是：没得谈了或者最好简短直接。在业务环
境中，遇到这种坐姿的对手时，最好使用对方的节奏来进行讨论。

双腿交叉跨坐是属于封闭式的肢体
语言。但是在欧洲，这种男士坐姿却
经常看得见

脚踝锁定，这样的坐姿呈现的视觉信息是：有所隐藏。男士会锁住自己脚踝多半是在被动或艰难的情况下，如犯了错误后，等待自己无法控制的结果时，其脚踝极可能是紧紧地锁在椅子下方以控制自己的情绪。

建议

在困难的情况下，我们难免会不自觉地把脚踝锁起来，当自己发现这个状况的时候，先把交叉的双脚放开，再有意地将双手合十放在腿上作为平衡，这个姿势可以帮助自己把心情稳定下来。

双腿成4字型，肢体语言专家称其为强势姿态，显示出了主人的统治欲和自信心，不过，这种姿势虽然自信但还是会尊重对手及考虑平衡关系。

4字型坐姿也称美国式坐姿。在不同场合的情景和脸部表情搭配下会呈现出两种截然不同的信息：一个是轻松，一个是封闭。

这个坐姿还有第二种版本：4字形腿＋以手将腿固定到位，这是更加激进的信号：对其他人的观点、意见或建议持不开放的态度。

在工作中，如果遇到一位使用这种坐姿的人时，最好能为他提供一个要用手拿的东西（例如饮料），这会使他绷紧的弦得以放松，变得比较专心。

七、站立时扣好外套的纽扣。

从座椅起身时，记住站立后要重新扣好外套。两粒纽扣的西装，只需要扣最高的纽扣；如果是三个纽扣，扣好上方和中间的扣子即可。

大家都会对看起来有自信的成功人士给予更多的关注，所以，在礼仪的细节上应该更加重视。例如：入座时，若有女性同在，应协助女士入座。除非这位女士是众所皆知的女权主义者，协助女士坐在椅子上仍然是必要的礼貌。正确的做法是：男士朝向自己的右边拉出女士的椅子，请女士入座。如果自己左手边的女士也没有男伴服务，在可能顾及的情况下，也协助左边的女士，这样就同时帮助了两位女士。

【梅宝心语】

虽然仅仅只是站和入座这两件事，要做得好仍然需要平日里的练习。同时也别小看这些细节，因为单就这几个细节就能让自己的风度高人一筹。

"深得人心"的绅士行为

何谓绅士？这是个见仁见智的问题，不好下定论。如果想要让自己的行为举止变得更加文雅——像个绅士，我倒是有一些现代女性观点的建议，可以供参考。

行为举止像个绅士，应该分两个层面来学习和评断，它包含了看得见、听得到的行为层面和驱使行为发生的思想规律层面。限于篇幅的关系，我们这里先讨论"像个绅士"的行为准则，之后才谈思想规律。

行为层面着重在实践，大体分为举止和语言两方面：

举止

举止得体是成为绅士的关键。随着岁月与时代的变迁，"绅士"已非上流社会的专属，任何一位举止良好的男士都可以被尊为绅士。说到这里，我想男士一定想知道所谓良好举止的标准是什么？或者那些历经岁月锤炼后依旧闪烁在现今社会的绅士标准是什么？

回看来时路，从威克姆的威廉（William of Wykeham）*提出"举止造就男人"的观点后,这六百多年来良好举止的精神与标准依旧相同,或许在某些表达或诠释的尺度上有些差异,但依旧还在方圆之内,它除了应对进退,主要表现在良好的餐桌行为上。

良好餐桌行为的十项基本要求

一、不要站起来取食
取靠近自己的食物或轻声地请别人传递远方的菜肴。

二、不可将手指扣在碗/盘里
将餐盘或盘中食物轻轻地托起或举起。

三、不露齿、不出声、不说话
咀嚼时闭着嘴,细嚼慢咽。

四、不漏食物碎屑
进食时永远是一次一口的分量。

五、不随意离开餐桌
必须离开时,向邻座小声打个招呼并说明自己是否会再回来。

六、开口说话前先留意对方是否在进食
在进食时,如果遇到不需立刻回应对方的话题时,可以手势示意让对方等待。

七、用餐时保持愉悦

交流时，除了端正的坐姿，愉悦的表情及目光也是重要的加分点。

八、留意必要的用餐气氛
说些轻松愉快的话题，不要只专注于盘中的食物。

九、用餐时的速度需要控制
保持与他人一致的速度，太快或太慢都不合适。

十、有感谢的心
用餐时或用餐后会赞美准备食物的人和服务人员。

以上的餐桌行为需要平日的练习，所用的时间、精力和成本都不大，我们需要做的是重视这些细节并实践它。在行为改变的实践过程中逐渐会带动自己的内心并改善自己的气质。

语言

拥有绅士应该有的一两个条件，并不能算真正的绅士。要成为绅士，必须同时拥有很多品质，其中，优雅的谈吐就是个人形象的一个重要部分。不少人看起来像个绅士，行事像个绅士，甚至走路像个绅士，但是如果他们不能像绅士那样说话，那就露馅了。所以，话语可以成就一个人，也可以毁掉一个人；好的口才是指讲话时得体准确的措辞和让人感到愉悦的语调，这些都显现在良好的语言行为上。

良好语言行为的十项基本要求
一、心存感谢

不管收到什么，一位真正的绅士总是会说"谢谢"。像绅士一样，当服务员为我们服务或门卫为自己打开门时，我们都应该说声"谢谢"，老实说，这是一个意愿和认知的事情。当我们做这些小事情时，人们会更加尊重和欣赏我们。

二、凡事说"请"

不要低估说"请"的重要性。一位真正的绅士无论是问下属一些事情还是点一杯咖啡，都会说"请"。这是一个简单而微妙的举动，但表明了我们对他人的尊重，当然我们也会因此得到别人的尊重。

三、聆听他人

言语艺术的关键不是在"说"的本身，而是在于"聆听"的能力。我们本能地喜欢听自己说话而不是别人说话。想像绅士一样说话，我们必须记住，倾听他人说话就是表明自己的尊重。聆听多于说话，也可以使自己在回答时做出更明智的回应。

四、不说粗话或使用诅咒的词句

如果想像绅士一样说话，就不应使用诅咒性的词句。说粗口并不能显示自己很酷、很牛，反而给人一种消极和低素质的印象。想表达自己的观点时，最受人尊敬的表达方式是温和地说出自己的意见。（要行事像个绅士，而不是一个充满怨气的人！）

五、不在言语中贬低他人

绅士永远不会以践踏他人的方式来让自己看起来高人一等。对他人体贴，不侮辱别人，不说伤人感情的事情，才是真正的绅士。我们可以想象一位"绅士"正在八卦别人或散布谣言吗? 当然不能! (我这不是在说笑, 因为确实有些男士会把别人当笑话来说, 这很不庄重。)

六、不打断别人说话
绅士是不会打断别人说话的。在别人讲话时打断他们是不礼貌的! 我们无须打扰发言人也可以发表自己的观点, 只需等到对方停止讲话后再开始。如果很不幸, 自己面对的是一位不懂得把话语权交还给别人的人, 那么作为一位绅士, 我们仅有的选择是闭嘴而非打断。

七、不交浅言深
如果想像绅士一样, 说话就必须含蓄和保持必要的距离。在给出太多信息之前心里要有个界线, 保留一些, 制造一点小神秘让他人感兴趣并想要了解更多。千万别在第一次遇到某个人时, 就倾诉自己的人生故事, 包括私事, 这会使自己看起来随意又饥渴。

八、做我们自己
有些男士会尝试以某种说话方式来打动人。其实, 这种刻意的用心只会显出我们对自己没有信心, 最终连自己都会不喜欢自己。切记, 我们要做绅士, 并不是男主, 只要维持谈话的礼貌并措辞谨慎, 我们大可以保持自己自然的声音和语调, 谈论我们愿意谈论的事情。不需要用大胆或语惊四座的话语来强调自己或显示自己聪明!

九、说话前先想想
不少男士在说话时不太思考。"明智的人开口说话是因为他们有话要说，只有傻瓜才会在自认不得不说些什么的时候开了口"。漫无目的地说话，没有考虑听众感受的说话都不是一位绅士的说话方式。记住，说话内容要规避批判，避免在说话时无意冒犯了他人。

十、不要只谈论自己

没有人喜欢一个不断谈论自己的人。一位绅士不会过多地谈论自己的身份或成就，因为这只会显得傲慢自大和肤浅。想像绅士一样说话，就要学会专注于他人而不是自己。

像个绅士说话的重点在于：不是只专注于自己，对其他人也给予应有的尊重。所以，无论与何人交谈都要有礼貌！

*威克姆的威廉曾是温彻斯特的主教和英格兰的总理，大约在公元1380年左右，创立牛津大学新学院和温彻斯特公学。当年，在威廉说出"举止造就男人"这句话之后，这话就被广为流传。另外，"无论何时何地，良好的行为造就一个人"也是威廉创立的两所学校中的格言。

【梅宝心语】

想养成像绅士一样的行为就需要了解基本规则，在社交时才能顺其自然地应对，不需要过分地思考。我们只要遵循并牢记上述所有要点，并且将注意力从在意自己转移到关怀别人的感受和方便上，自然就是一位绅士所为了。

平日里练习写作、会话交流和阅读都可以培养语言能力哟。

成为绅士的修炼手册

男士的举止行为和社交礼节代表的是个人的品性修养和性格。说到礼节和社交规则等，好像这些事是很正式又与日常生活脱节的。其实，这些行为准则是应该用在平日，因为其精髓必须在实践中才能体会、获得。

当自己想成为一位"真正的绅士"时，我们会发现自己还真有很多东西要学，不过它们全都源于一个法则：如自己所愿地对待他人。有了这一点认识，规则也好，礼节也罢，都会变得容易理解。而且，在寻求"更好的自己"的旅程中，因为自己的行为改变，生活和目标也会被带动——目标变得更加容易达成。

真正的绅士品格

在上篇中，我强调了比较普世的餐桌行为和语言行为，本篇宗旨则是在定义一位真正的绅士应该具有的品格、价值观、道德和信念，以及支持这些思想和规律的良好行为。

在出版物中，培养绅士的书籍不多，而且通常都是百年前的欧洲著作或者是重新编辑后的刊物，从这些书籍当中抽丝剥茧后，我看到了一个比较具象的概念：绅士行为的中心精神是中世纪的骑士精神！我觉得这个形象画面很棒，它可以协助我们更好地设定目标、瞄准方向。

请参考下面的生活礼仪规则，找出自己需要注意与修正的行为和态度，并做好准备！因为这是人生的旅程，向前走，自己就是有勇气的骑士！

品格和道德的维度

一位真正的绅士，其行为是以荣誉、勇气为规范，其内涵是以审慎、谦逊、悲悯、守密、守时等美德为基础。

审慎周到

绅士总是举止得体，会留心人与人之间的关系。

1.绅士会在意自己是否给别人带来了痛苦或麻烦。

2.绅士会刻意避免与他人在意见上的摩擦或冲突，在与人相处时会秉持着不猜忌、不怨恨的原则。

谦逊礼让

绅士会乐于支持同伴的行动，而非自己出风头。

3.与人交谈时言之有物，但不过分强调自己的意见。

4.不会为了反驳别人而替自己辩解。

5.会耐心而谨慎地向反对自己的人讲述自己的想法。

悲悯友善

绅士会自然而然地关注身边的人。

6.会有心地记住曾经交流过的人。

7.总是和蔼地对待害羞者，温和地对待陌生人，仁慈地对待可笑之人。

8.绅士在交流时会避免不合宜的暗示或可能激怒别人的话题。

9.会心存善意地看待周围的一切人和事。

守密

绅士是不会打探别人私事的。

10.对于别人提到的私事，除了以同理心聆听外，也不会追问更多的信息。

11.无论在什么情况下，都不会晕了头地分享他人的秘密。

守时

绅士对时间观念和时间安排有自律的严格要求。

12.不迟到是绅士原则；所以，作为一位绅士是不会让人等待自己的。

13.所谓严格的要求是既不迟到也不早到，所以，绅士会早到几分钟，先在附近溜达一下，再准时现身。

价值观与信念的维度

绅士的品质，不只是优雅得体的谈吐、举止，它还包括永恒不变的谦逊以及面对重大困难时的从容和勇气。

性格阳光

绅士会关切地让每个人都感到自在和轻松。

14.喜欢自然、舒适、方便和人性化的事与物。

15.在任何场景下都能自信又自在，喜欢别人，也招人喜欢，从来不是乏味无聊之人。

正直诚恳

绅士从不占用不公正的好处。

16.不听流言蜚语。

17.在争论的时候，不会使用卑鄙、猥琐的手段。

18.在激动的时候，不会使用激烈或侮辱他人人格的言辞。

19.更不会含沙射影地去攻击别人。

眼光长远

20.绅士会愿意拥抱自己的敌人，就好像有一日他们也会成为自己的朋友一样。

有信念

绅士信奉的人生哲学是忍耐、宽容和顺从。

21.当痛苦无法避免时，会忍耐。

22.能承受必要的失去，并能宽容地面对"无法挽回"。

23.如果是命定，也能从容地顺从死亡。

24.绅士不会接受任何无理的冒犯和侮辱，会据理力争维护自己的尊严和底线。
25.不记仇，也不会让仇恨淹没自己和自己的理性。

真正的绅士品质与个人的财富无关，而是与个人的品德有关。所以在评论一位绅士的品质时并不是取决于表面的时尚或礼貌而已，它主要是取决于个人的道德价值。

话说到了这儿，我要提一提：培养一位真正绅士的挑战是什么? 时间和精力!

因为道理是用说的，但行为是用做的，一位把全部的精力都用在工作上的人，是很难拥有良好教养的。因为思想规律的养成是着重在胸襟与自律地学习上，这些是需要时间和闲暇的。

所以我建议想要成为绅士的男士们要给自己留出"绅士的时间"，例如每周定一个绅士日，让自己在那个时间和空间里能够完整地体会和实践一位绅士该有的精致谈吐、举止和生活习惯，在这绅士日里再读几本好书，优雅地对待自己和有风度地对待别人。

读书可以增加知识，知识可以避免自己犯大的失误，这些都是一位真正绅士需要坚持的硬性目标。

上面的25项，我们做到了几项? 每个项目算4分，自己得了几分?
每个人对自己的期许不一样，所以标准就由自己定喽。

【梅宝心语】

最简短的绅士定义是：一位礼貌，冷静又体贴的男人。看到别人大步急行时给别人让个路，开门时给后面进来的人拉着门，不揭人之短，不对自己看不上眼的人和事恶意评判，愿意接纳不美好的人与事。

目前，绅士的品格与准则还是以英国的绅士标准为依据，而英国的绅士标准是发源于公学（学院）。比较准确定义英国绅士的书是《大学理念》，出版于1852年，作者是约翰·亨利·纽曼。本篇文章中的道德章节部分有参考此书。

在这资讯发达的时代，许多资料都可以从网上寻找，关于如何成为一位绅士的书就不多做介绍了。但我很乐意介绍一本可以帮助少年们成为绅士的书，*50 THINGS EVERY YOUNG GENTLEMAN SHOULD KNOW*，这本书的内容很好，但是观点上我不全然同意。例如，成为绅士，就可以上好学校，有个好工作。不过，这些观点与目前国内的价值观挺吻合的，家长们可以先看一看，再决定是否让自己的孩子来学习。

本真篇

借助他人的投射与自省

回到原点

拥抱自己

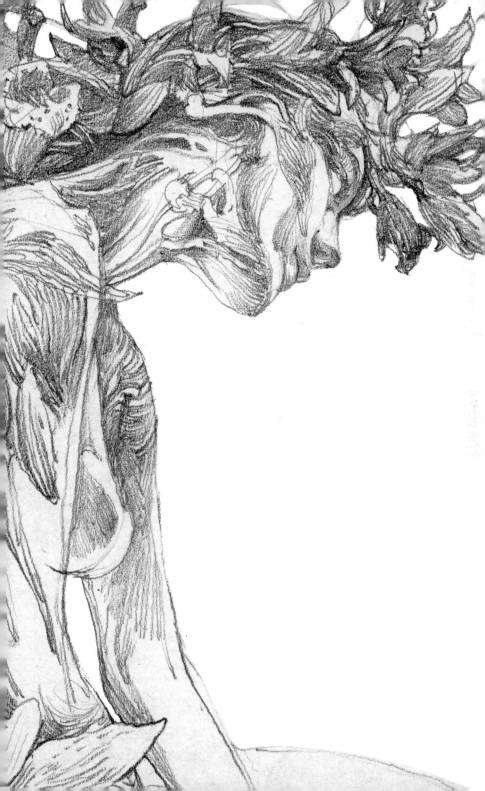

个别性识别

回到初心

做真实的自己，
从拥抱自己的软弱开始

生活应有的样子

凡事难免有不完美的时候和地方，但也因为有这不完美的空隙，外界的光才得以进来。罗曼·罗兰说过，世界上只有一种真正的英雄主义，那就是认清生活的真相后还依然热爱生活。

回想

小时候，自己觉得世界上最幸福的事就是抱着一包爆米花，搂着妈妈一起看电影。就是现在再来做这件事也还是会感到十分幸福，只是很久没有想到这上面来了，因为现在自己想要的、想做的事太多，所以忘了这个最初的、伸手可及的满足。

在生活中我们落下了什么？

假期中和朋友、亲人相聚，酒足饭饱之际居然谈了一个挺深入的话题：生活的目标是什么？

打开这个话题的是一位三十多岁的中国朋友，她在美国事业已经做得很好，生活也多姿多彩，经常到处旅游，可以说是想做什么就能做什么，我想许多同龄人应该都非常羡慕她。在席间，她非常坦率地表示，说自己表面看起来风光，其实心里过得很累。

她说：状况是慢慢演进的，一开始很努力是为了求生存，之后是为了能过上一个好生活。当努力稍有成就之后，有了钱做了些自己想要做的事，这种"工作时很努力，花钱时很畅快"的状态成了一个自认为平衡的常态。但这事的本与末不知道在什么时候倒了过来，现在是为了过更好的日子，所以要更努力地赚钱。

自己的收入虽然不错，但钱也只是过了个手，收进来立刻就付了账单。有时想休个假也有顾忌，因为要维持现在拥有的一切是出不起差错的，外表看起来场子是铺开了，但心很累；自己正为这样的生活开始疑惑：这是自己想要的生活吗？自己目前的窘迫是因为自己的层次还不够高，应该更努力！还是因为别的原因？

我知道她能够有今天不仅是托依了自己的才华，更是努力积攒出来的成果。

在听到她这番话时有点小吃惊，我一直以为像她现在这个年纪一定是非常享受自己的生活方式：努力工作、努力享乐！但深入地想一想却非常赞叹她的自觉性，不但能察觉到自己走远的步伐，也会认真地去寻求答案——在这老少合聚的场合开出这样的话题，显然是想取经。

那一晚大家喝着美酒，谈着一个无人问津但又再普遍不过的话题：我们是否在追逐美好生活的过程中，失去了生活原有的样貌和品质？大家都很坦诚地交换了自己的想法和经验，最后，这个分享讨论没有结果的话题却有一点小结论：

不论在什么年龄阶段，什么样的背景下，生活都是不容易的。大家不约而同地顶着相同原因和目标在生活: 过好日子! 结果，认为"最幸福的事是跟家人在一起"的人离乡背井在奋斗，而已经身居高位即将退休的人在银行有存款却不敢花，每天在担心未来的日子会因为通货膨胀而失去现有的品质。看起来大家从不同的方向都走到了一起: 生活品质定义是物质的，为了过上好日子在努力，但日子却没过得畅快。

生活该是个什么样子? 生活的重心在哪里呢?

我常在思考: 人的一生该如何成就? 在人生的旅程中可否既稳妥地前行又能享受沿途的风景，若想两者都不耽误，该如何行之呢?

这个思考与那一晚的对话内容有着因果关系，所以，我自始至终用心地聆听这群高学历、高生活水平的人的言论。只是，当晚大伙儿只找到了问题点——自己达到了原有的目标，却失去了原有的热忱和动力，但没有人给出答案。

完全没有预期的，我在朋友Patsy的追悼会上得到了启发，也肯定了自己心中隐藏的答案。

谁是Patsy?

十年前初见这位新加坡女性，后来也在不同的场合中见到，她与夫君是百分之百的夫唱妇随。

从交流中了解到的Patsy，是一位真实又淳朴善良的女士。从观察中认识的Patsy，是一位备受先生疼爱的女人。我们之间因为生活重心不一样，她的心思全在家庭，而我的心思却相对比较分散，四年前听说她生病了，所以不常往来。当时除送了花篮外，心里也送上了默祷的祝福。现在再见时已是在她的追悼会上，从此天人永隔了。

这是我参加过最有意义，最有深度的追悼会。

两个小时中，在场的人一个接一个充满着爱地缅怀着Patsy。说不清有多少人自愿站在台上分享他们与Patsy之间的故事，这些故事真实得让人又哭又笑，大家共同说到的一些事是：Patsy爱先生，喜欢小孩子，喜欢做饭，更喜欢慷慨地分享拿手菜给朋友。还有就是喜欢和朋友一起下馆子和逛街。

在这个追悼会上，我重新认识了一个活脱真实的Patsy，也对人生有了深刻的领悟。

Patsy做了一辈子平常又平凡的事，有些人也许会嗤之以鼻地说，不就是个家庭主妇嘛！但这个追悼会让我见证了生活的意义：Patsy以平实的生活方式满足了自己，成就了自己的人生，乐在其中的她觉得满足又快乐，这份快乐也感染了周围所有的朋友。她用平凡的事与别人做了最真实的交集，她将会让朋友们永存怀念。

在追悼会上，探索已久的答案以一个难以言喻的感动姿态出现了——无论生活是个什么形态，生活应该有的样子是相同的：生活得有自己！虽然这个答案本来就在心中，但是现在我对这个答案的内涵有了更深层的体会：适合自己本性的生活方式才能成就自己的一生。

如果在善待自己好吃、好喝、好穿之下，在内心深处还是有着一丝恍惚和不确定，不确定自己对生活是否真的满意。那我们可能是在积极往前跑的时候，把自己弄丢了。忘了原来那个容易的满足，也掉了那个最初认识的幸福轮廓，成了他人眼中的仿真花。

找回自己，找回生活

客观地看事、主观地处事都是需要智慧的，而智慧与学历和收入没有直接关系。当我们意识到生活中没有了自己也没有了自己的初心时，首先要重新看看：生活的重点设定是否与自己的本性相违背。

说到这里，有些朋友可能已经在着急了，心里在想：谁不想过得轻松啊？谁不想陪家人？但我没有选择，我需要工作赚钱养活自己、帮助家人，等等。亲们，不急不急，我知道的！因为我和你们一样：曾经在不知不觉中忘了生活应该是个什么样子，所以才会说这件事。

其实把自己从生活中找回来，并不意味着要放弃自己现在的生活，而只是需要转个小弯，加点材料。

话至此，如果自己已经知道该怎么做，那就太好了，恭喜！如果意识到自己在生活中的迷失和不快乐却不知道该如何转这个弯，我很乐意分享我已经实行了很长一段时间的清单。

我的清单是先清点看看，自己在过去的日子里是否有把"自己的生活"当作是人生中的大事？比如：

- 每天都和自己（心灵）说说话。
- 每天至少有一餐是静下心来享受的。
- 每天都和他有四目相对的时间。
- 每天/每周都有与亲人/伴侣相谈或相处的时间。
- 每周都给自己一段属于自己的时间。

如果以上这五点没有完全做到，那生活的意义就不能算是完全，因为在生活当中，没有把自己和所爱的人/爱自己的人算在里面，生活就不能算是人生大事。

如果你现在和曾经的我一样，在不经意中把生活过成了人生中的次要之事，我们现在只要把这些基础的小事情带进生活里，就会像明矾放进了浑水中一样，只要一搅，就能把生活重新过得清明起来。

Tip：把上面五项中任何一件事拿出来认真做，都会刷到自己的存在感，如果把上面五件事全部做到了，幸福感就爆棚了。

【梅宝心语】

形象提升的价值是循着自己的本性，做更好的发展与发挥，让自己的生活与人生少些矛盾，多些幸福感和价值感。

生活一开始的转变都会有些困难，尤其是转变的事件涉及他人的配合时。所以"在生活中找到自己&重整生活的重心"这个事情还是需要拿出一些像追求事业或情人的热情才是!

祝你找回自己的初心!
说到现代人的苟且生活,得要分享一下网上的一个段子:

路人对马云说:"我佩服你能熬过那么多难熬的日子,然后才有今天这样的辉煌,你真不容易,换成我,早就疯了!"
马云说:"熬那些很苦的日子一点都不难,因为我知道它会变好。我更佩服的是你,明知道日子一成不变,还坚持几十年照常过,换成我,早疯了!"

有些苦,不叫苦,因为你知道它代表希望,会让你梦想成真!

—— 献给为梦想而奔跑的你!

真实的自己：终身受益的自我暗示！

做自己，从认识自己开始。

认识自己是所有智慧的开始。

——亚里士多德

真正了解自己是我们能拥有的最重要的技能，没有之一。

当我们知道自己是谁时，会知道自己需要做什么，而不是寻求他人的许可来做自己计划要做的事情。

知道自己是谁，能避免我们将时间投入到错误的事物中，同时避免承受其造成的挫败感。虽然有生机的生活应该是充满着尝试和犯错，但应该是在自己适合尝试的领域里。

那么，我们如何才能知道自己是谁，以及应该在生活中做什么呢? 这里我整理了"了解真实自我"的六个步骤，供你参考和实践。

一、沉静下来。

查默斯兄弟曾说："观察自己是真正改变的必要起点。"但是，在"花时间"沉静下来之前，我们是不能也不会认识自己的。

许多人不认识自己，是因为任何沉默的片刻都会吓倒他们……那独自一人盯着自己缺点和缺陷的安静时刻，实在是令人太不自在了，这是能理解，但不值得鼓励的状态。因为，只有我们能够一个人静静地进行自我评估，对自己完全诚实时，才有可能真正看到自己生活中的每一个方面，它可能是好的也可能是坏的，但都是真实的。所以保持沉静，让我们有机会发现那个真实的自我，是个人成长中必要的一环。

建议
给自己十分钟的自我关注，关掉所有的电子设备和模板，包括手机。这期间如果感到焦躁，请做深呼吸，呼吸会使我们放松并感到平静。如果思绪混乱，请以直觉选择一件事来专注……十分钟后会有莫大的收获！

二、认识自己真正是谁，而不是想成为谁。
我们对自己渴望成为什么样的人是有确定想法的，但我们可能没有生成或者成长为那样的人，这就是为什么了解真实的自己是如此重要的原因。唯有当我们知道自己是谁时，我们才能看到自己和自己的特点及最适合自己的位置。

尽管在人生旅途中有许多节点可以让我们发现自己，但是最好的开始方式是做性格测试 (personality test) 和寻找优势测试 (StrengthsFinder test)。随着生活的阅历和打磨，人是会变的，这两个测试最好是每五年测试一次。这些自我评估的测试并不是完美的，但是它们确实能指出我们的强项，让我们有机会专注于自己的特长，给这个世界带来更好的贡献。

推荐两个测试网址：

性格测试 (personality test)
https://www.16personalities.com/free-personality-test

寻找优势测试 (StrengthsFinder test)
https://high5test.com

三、找出自己擅长和不擅长的事情。

盖洛普 (Gallup) 在对人类实力进行了40年的研究后，创建了34种最常见的才能名单。其中最常见的五个才能是：成就者 (有不断的动力追求任务达成者)；责任者 (能坚守承诺的人)；学习者 (满足于不断挑战及学习新事物的人)；关联者 (对深入的人际关系感到自在者)；战略者 (在复杂的状况下也能看到明确方向的人)。

我们可能具有这五个才能中的某一项，或者我们有完全不同的特质和其他强项。在"寻找自己"的过程中，找到自己的特质是困难的一步，但却是非常有必要的一步。寻找自己擅长和不擅长的事情是需要反复试验的，希望你不会在多次的尝试后就放弃了。

当然，我们每个人也都需要学习，知道何时该退出，何时该进入。在投入了足够的时间和努力却没有得到回报时，就可以考虑退出。至于是什么时间点，那只有自己可以决定。只是，正确地退出，不是放弃，而是为更好的事情腾出时间和空间。

建议

虽然多次试探自己的底线是必要的过程，但是，在自己持续的行动没有得到回应，或者持续的努力没有让自己增加更多的激情或动力，反而是深陷于更多的事务时，我们应该接受：这是一个警示！警示我们是该专注于其他事情的时候了。

四、找到自己的热爱。

追随任何一种激情都是一件好事。在了解自己的过程中，当我们发现自己的激情出现时，应该格外注意，因为这表明我们应该更关注于这个领域，无论是工作的热情还是对生活的激情，都是好事！因为激情会带来专注，热情会产生动力，任何持续不断的努力都是会产生效果和影响力的。

建议

发现自己热衷的事情时，绝不轻易放弃。它不需要是生活的重心，但在生活当中一定要保有这个部分，如此的生活才有动力与生机，此生才有意义。

五、征求反馈。

如果认识自己是件难事，听听别人对自己的评价是很有帮助的做法。向他们提出两个简单的问题："你认为我需要进一步发展哪些优势？"和"你认为我需要改善哪些弱点？"当然，别人的意见可能不是完美的，但反馈意见还是可以让我们了解现在需要重新审视的一些领域。对于有心寻找自己的人来说，这一步骤极其重要，因为每个人都有盲点，而我们周围的人会看到我们没看到的东西。

建议
不一定要找亲密的朋友，但一定要找会说实话的朋友来寻求反馈意见。如果得到的反馈让自己很吃惊，就多问几个人的意见，这个举动不是为了让自己得到满意的答案，而是确认别人能指出自己需要面对状况的实情。

六、评估自己的人际关系。
人际关系的基础是信任，除了交往的意愿，我们也需要知道：真正的自己是怎样的。因为人际关系是双向的，除非我们发现并认识了自己，才可能真正地认识别人和被别人认识。

在寻找、认识自己的过程中，人际关系是个大环节，对企业领导者来说尤为重要，通常一位对自我认知薄弱的领导人，会缺乏担当，对"认识"下属也不上心，领导地位常常是落于表面的头衔；这个道理不仅体现在工作上，也发生在生活中的所有关系上。

人际关系好的人具有的共同特征是真诚、真实、可信赖，就如自己需要了解自己一样，在人际关系中，其他的人也需要知道我们是谁，我们是否真实。所以，重新评估自己的人际关系可以洞察到自己的状态。

建议
珍惜每一段关系。在认识自己的过程中，我们可以借用与他人的互动，看见自己，无论是孩子或朋友，无论是下属或下属的伴侣，我们对他人的好恶，其实都是自己的投射。这是认识自己的一个线索。

在了解自己的本性后，我们的目标才会清晰；在意识到自己是谁时，我们才不会徘徊不定，也才能专注于自己的优势。更重要的是：当我们了解自己、接受自己时，也是我们与自我建立了真正的关系时，我们的外表会呈现出自信，内心会感受到安宁与快乐……这足以让我们与自己和解，与这个世界和解！

认识自己的重要性是不言而喻的。
在积极地向外学习了一辈子后，现在我们来学习自己。
向外学习没找到的答案，可能会在向内学习的过程中得到解答。

你准备采取行动了吗？
祝你找到真实的自己！

【梅宝心语】

人的价值应该是对群体的贡献力。了解自己，即是了解自己的目标，它会使我们变得更加自信，对社会更有影响力。

忠于自己，倾听内心的选择

在寻找到自己是谁后，打算开始"做自己"了吗？

其实做自己是需要勇气的！为什么？因为我们是生活在一个不断地告诉我们该怎么做，该做什么的世界里。要对抗大环境，只忠于自己，且不为了迎合大众而改变自己，是一种超越边界的挑战。关于这一点，生活阅历越多的人越能体会。

拿生活中最稀松平常的问候来说，当有人问我们：最近好吗？怎么样呀？我们通常会想一想：这个人是真心想要知道答案？还是就一句礼貌问候？再加上许多时候是我们自己不想介入深入的对话……所以，我们通常是轻描淡写或规避事实地做个报喜不报忧的简短回答。

上面的举例，从社会学中的社交礼仪角度来看，简短的问候对答是正确的，因为对双方都是"安全"的应对，所以是被倡导的！但从心理学中的积极心理学来看，这报喜不报忧的周到是不健康的，因为一直告诉别人："我很好！"是一种自我洗脑——让自己对成为真正或真实的自己失去信心，就这么点小事，对自己的心理健康也是有害的。

所以，在这充满矛盾的世界中又创出了一个社会心理学，带着意图的想从社会学和心理学当中取得一个循环性的平衡，以缓解像上面提到的这种存在性案例。

想健康地做自己又不被归类于"不合群"，可不是一件容易的事！面对这追古溯今无解的难题，我建议想忠于自己过日子的朋友们可以从两个角度来思考应对策略：

一、理解社会是团体协作的群体，必须要有社会秩序和规则，而在这规则与秩序下又难免会对一些"本性"有所约束，所以边界感是很有必要的。

二、找出自己的平衡点。这世界上没有完全相同的两个人，生活中也没有量身定做的既定公式和套路，我们得摸索自己的本性与约束之间的平衡点，然后把状态调整好，再进一步理清我们定的目标是调整给别人看，还是自己觉得好就好。

最终，是左一点好还是右一点好？这斟酌的标准应该是自己觉得合理的"平衡"！

在谈"平衡"前，我们有必要先来说明两点：

做自己的"定义"是什么？
做自己是指通过自己的视角、生活方式以及对生活的看法来创造自己的世界，我们暂称它为"理想的世界"。理想世界不是反社交或反社会的，而是不会害怕做自己；在人云亦云的大千世界中，能以自己的主张过日子，无须谄媚逢迎；对自己感到自在，有能力倾听别人的需要，并愿意给予和接纳，这是"做自己"最好的样子。

做自己的"难点"是什么？
在生活中，我们每个人都面对着两个层面：自己的小圈子和社会的大圈子。在小圈子里，往往是让每个人都满意了，"自己"也失去了；在大圈子里，若依了自己的本性过日子，难免与社会群体脱节；这都是失衡！在"做自己"与现有的"社会价值观"不融合的状态下，我们的难点是如何找到平衡。

因此，想在现有的环境中做自己又不至于被边缘化是需要做些功课的，这人生的课题就是：在本性与约束之间拿捏出属于自己的平衡点！

做真实的自己，从拥抱自己的软弱开始

拥抱自己的软弱就是不害怕别人对自己失望。通常一般人最难踏出的第一步就是不确定自己是否可以脱掉一直戴着的面具？

这一步对任何人来说都是艰难的，但我们可以从学习"重视自己"的声音开始——有勇气说出自己的需要或坚持！

我这里说的"重视自己"不是指平日里我行我素，遇到问题还要别人来负责的行为。而是指负责任的自我发展，并非只为求生存。

这意味着：
一、满足于自己所拥有的；
二、有己见，而不是让别人引导自己；
三、自己不与任何人竞争或比较。

以上这些都是"拥抱自己的软弱"的内心功课——看见自己、对自己满意。

除了内心功课，我们还有行为功课：
一、行事时不忘考虑本性和约束间的平衡。
二、所行所为是出于自己的意愿，而非受"怕别人对自己失望"所驱使。

在本性和约束之间找到平衡

参考案例：

一向凡事都说"好"的我们，现在因为想做自己而决定要拒绝别人，开始说"不好"，在本性和约束之间取得平衡的做法有：

一、改变思考方向。把原本怕得罪人的心态和情绪改为思考和体察自己的需求，例如，把决定点放在"自己有没有时间做？愿不愿意做？"这些真实的情况上。

二、回复时在考虑本性与约束之间的平衡下加点社交技巧。与其说"不好"，不如婉转又真诚地给出实情＋表明立场与意愿。我们可以这么说：我这个礼拜的事情很多，你能等到下个礼拜吗？或者，这个事情我不擅长，很难做得好，我不敢接。

三、回复时不需要道歉，能表明自己的意愿和立场就好。这突然的改变——会让已经把占便宜当成应该的对方很吃惊甚至不悦，但渐渐地自己的新形象就会确立。之后，相同的话语反而会让他人感到自己的真实和珍贵。

这个解析提供了在本性和约束之间找出平衡点的方法，其重点是：

一、以自己的主张过日子，既不是只考虑对方高不高兴，也不要突然用过于激进的方式对着干。

二、不再消极地避免冲突，而是勇于表达自己的观点或采取行动做最适合自己的事情。

从难以拒绝到尝试去拒绝，我们是选择了一件不容易做的事。但第一次以"平衡"的方式说了想说的话，做了想做的事，而没有感到心虚或歉意时，还真能感受到自己拥有的力量和珍贵：原来我们有一些特别的东西可以提供，这就是我们每个人都应该在的位置。

【梅宝心语】

做个出色的自己，自信是不可少的。首先要与自己的不完美和解，并理解只有不完美，才会美得独特。

不自卑，不讨好的精神就是出色！

逆境中的自我救赎

小时候被问到长大以后想做什么事时，我们是那么兴奋又有自信地说出自己的梦想，希望长大后成为医生、科学家、老师、选美皇后，等等，这个鲜明的画面可能还在我们的脑海里吧？

现在回看来时路，当现实一步一步走进我们的生活里，参与了自己的成长过程时，不知是心理上的承受度不够，还是现实中的障碍……最后我们选择走上了不同的路径。这大约就是你和我的现状：在想要的生活面前，先看到的永远是生活中所有的"应该"，应该这样做，或应该那样做。

心理学家克莱顿·巴博（Clayton Barbeau）自创了"应该自我约束"（shoulding yourself）一词来形容心理的"认知扭曲"（cognitive distortion）反应和行为——我们会不断地告诉自己"你应该……"这种想法不仅是对自己，也影响着我们怎么看别人。所以，我们会经常自动地督促自己或身边的人应该/必须做某件事。

这种反射性行为是心理受到环境刺激产生出来的平衡行为，其来有自，一旦形成了就像一个循环性系统，大脑会自动地反应"应该做的事"，并时时提醒自己及修正眼前的状态，这听起来像不像是完美的自我管理系统？没错，但也不完全对！因为，在一连串的察觉中，我们的首要任务是以"应该"来约束自我，通常我们会忽略自己的立场和位置，不但没看清自己是谁，更会忘掉自己真正想要的是什么。

这是个问题！在自己的生活里没有自己，这是一个什么样的人生？

当自己与内心脱节，将自己活成了自己都不认识的人时，这才是人生中真正的逆境！

在逆境中选择自己的态度

我们会从潜意识里"要求"自己吗？例如，心里总是想着："应该"那样做才对，"应该"去做另外一件事，如果是，那我们已经身处逆境中了。

在逆境的状态下，我们可以依靠两件事情来反转自己的境遇：1.开始做真实的自己。2.面对事实。意即，自己必须重新开始一次或多次，并且通过表达的方式让他人知道自己的需求，重新掌握自己的命运。

如果，以上两个建议对自己而言是一种"改变"，那我们要先做好心理准备：改变不容易！

在"做真实的自己"的过程中我们会面对生活给自己的各种挑战。好在我们面前有一盏可以指引自己的光束，那就是在最坏的状况发生时，我们可以依靠真实的自己来渡过难关；无畏地说出自己的需求让他人知道，不再假装或掩饰的我们会越来越拥有真正的自己，会对自己感到自在，这是在面对生活挑战时最有力的支持。

关于"改变"

改变并不意味着一切会立刻好转。

我们可以选择不相信"改变"能带给自己任何好处，或者我们愿意姑且一试？不过，通常只有在自己下了决心之后，面对事情时才会有正确的态度出现，也才可能实现愿望和达到目的。所以，在行动之前应该先选择一个积极的态度。

关于"积极态度"

在逆境中选择积极的态度：相信在任何情况下都能看到一线希望！从一小步开始，每天早上提醒自己：勇敢地接受自己、忠于自己、看重自己！心存感恩和喜悦！因为在选择改变态度的瞬间，我们就已经是带着一切可能性的全新的自己。

这一生要大富大贵是看命运，但过得怎么样是可以靠自己的。如果过得不自在，那是迷路了！知道自己迷路了，也是幸事！祝愿大家都过得自在！

【梅宝心语】

当我们选择了自己的态度时，更能看清周围的事物与现实逆境，这会帮助我们朝正确的方向前进。

与其和别人比幸福，不如让自己满意！

根据丹麦心理学家斯文德·布尔克曼（Svend Brinkman）的说法，我们会希望自己和他人都能分分秒秒地幸福快乐，这个看起来无害的期望，有其"黑暗"的一面。因为，没有人可以一直保持积极的态度；要分分秒秒地幸福快乐，必定是以隐藏自己的真实感受为代价。

再加上文化的枷锁：应该要为他人、为大局等理由来隐藏自己真实的感受。其实，文化美德本身不是问题，问题是这些值得宣导的美德没有一个简易的、通用的准则或标准。

在现今这高压、高速的社会里如何取得个人和群体的平衡，还真是一个亟须面对和解决的问题。

从个人发展的角度来看，我们唯有在能确认自己的感觉时才会意识到、感觉到问题，从而能找到问题及问题的解决方案。当我们隐藏自己的感觉，自己都快要爆炸了，别人却无法意识到或帮助到自己。久而久之，我们的敏感力会退化到无法识别自己的程度，也就无法自我帮助了。这是不幸的事实！

在我们感觉不到自己的"感觉"时，是一个大问题，但这并不意味着我们应该采取什么追究的行动；其实，最好的策略是开始面对问题：我们是否把自己弄丢了？并换个方向考虑是否应该开始去过"自己想要的生活"了？在实践上，最有效率的一步是：在不打扰别人的情况下，做令自己真正开心的事情。

让自己满意

要想做令自己开心的事情，首先得知道我们真正想要的是什么。

做最好的自己是与成功或地位无关的，但与自己的角色有关。例如，想要创造自己向往的生活，自己就必须先成为想要成为的人，这一点是与自我定位和生活态度挂钩的。关于自我定位，前面的章节提到了一些。至于生活态度自己应该是有答案的，只是我们必须把态度拿出来面对实情：今日的种种是我们的性格让我们做了各种选择的结果，而不是事情从天而降，落到了自己头上。如果能把这个关键想通了，自然就会知道自己真正想要什么了。

亲爱的，你知道你"真正"想要的是什么吗？

许多人告诉我是"成功"！那我们得细分一下，你对成功的定义是什么？如果成功的定义是赚多少钱，有多高的地位，那你的快乐是在追求的路上。等追求到了，你也失去了快乐，为什么？因为以绩效为导向的存在感是无法令我们感到满意的。唯物主义会让我们觉得自己永远都不够……有了，我们希望更有！好了，我们希望更好！

由此可见，感到满足才能成为我们真正的快乐！

可是，在人生的路上，自尊老是挡在路口，以致压制了真实的自我。自尊让我们以为自己追求的是"够不够……"所以在我们不断"应该自己"（shoulding yourself）之下，我们满足了自己的自尊或者形象，却没有给予"自我"应该有的爱和接受。难怪我们总是觉得少了些什么，难怪我们心里总是空空的……

所以，能令我们心满意足的快乐应该是非物质化的对自己满意！

意即：令自己快乐的追求很简单直白，就只有一条路：认清"我够了"才是最重要的。这就是我们老祖宗说的知足常乐！

在生活中，很多时候我们是在跟自己较劲或者说是被自尊控制着而不自知，所以享受快乐的能力已经退化到需要重新培养。怎么培养？你可以重新翻看一下《做真实的自己：终身受益的自我暗示！》。

大家都说要活得随心，过得随意。我说顺其自然就是快乐！

祝福所有的朋友们能够让自己满意！

【梅宝心语】

在我的课程"敏感度训练"中，30年来遇到的案例无一例外：对生活与人际关系处理能力差的学员对自身感觉的辨识能力相对也低。不幸的是，几乎所有的人在训练开始之初，即使是经过指导也无法即刻辨识到自己的感觉，必须通过一段时间的训练才能慢慢找回辨识自己感觉的能力。

以上的事实告诉我们：经济发展迅速的社会，个人难免会唯物化，唯物后的本末倒置会让我们搞不清楚最基础的东西，例如，量力而为。当自己的本能被荒废，属于自己的感觉无从辨识时，真正的"快乐"就不知不觉地被叫作"快感"的家伙取代了。

亲爱的，与其争辩以上言论是不是危言耸听，不如花点时间眉眼下垂地问一问自己：我现在有什么感觉？

你的世界在下雨吗？
——修行在个人

一位中国政法大学MBA毕业的孙女士得知我来到北京，特意亲自带了工作上的伙伴赶过来拜访、陪伴，并盛情地请我吃了顿饭。

这位优秀的女性，是几年前我在中国政法大学给MBA上课时的座上学生，年纪轻轻就创建了自己的事业并做得很成功。当年我对她印象是十分深刻的，因为她总是穿着笔挺的衬衫坐在听众席认真地听讲。

这次见面，她当着我的面向自己的伙伴诉说了自己坐在课堂上的一段经历和感受。

她说：上了梅宝老师的课才深深了解到"形象"不是这么简单的一件事情，它包含的不仅是外表，更是心理层面的审视与探讨。多年前，在课堂上听到的理念和知识不但当场让自己感到震撼，甚至对日后的工作和生活都产生了很大的影响。

接着，她提到一段在课堂上我几乎忘掉的情节：

课堂上，有一位同学对梅宝老师解释说：今天所以穿着一双拖鞋来上课，是因为外面在下雨。老师当时的回应是：难道只有你的世界里在下雨吗？

孙女士描述自己当时听到这句话时感觉非常震撼，之后在创业期间，每次过不下去的时候，她就会想到这句话，就会问自己：这个困难是因为我把自己放在了"自己的世界里"，所以才觉得这个困难是天大地大的难吗？

听到这段多年前的往事，我内心挺感动的，心里想着一句古语："师傅领进门，修行在个人。"所以很有感地拍拍她，并真诚地说了句：你真是一位高才生！

相同的一句话，我想在场的同学有听见的、有没听见的，有听懂的、有没听懂的；每个人资质不同领会也不同，我说的这句话所以会震撼人心，是因为落在自我看重的人的耳朵里才有那种震撼度。

积极上进、自我要求高的人，敏感力通常也较高，对周遭的信息不但留意，还会用心地理解和体会。

【梅宝心语】

无论是听信息还是看文字叙述，静心下体会的收获和心不定的状态下的收获是完全不一样的。

结　语

我相信你是一位追求成为更好自己的人，真巧，我也一直是这样的一个人，我走过一条很长的路，现在终于到了这里！

我们常说性格决定命运，想改变命运得先了解性格。

年轻的时候我喜欢去算命，我想知道未来是什么样子，也常有人劝我不要去算命，说："迷不迷信先不提，他们常常算不准，都是骗人的，万一算偏了，你却当真了，还要郁闷好半天"。可我当时对他们说的话并没有听进去，因为为我算命的先生们都是我考验过的。

记得有次算命先生说了一件有关我父母的往事，我从来不知道有此事，也认为不可能发生，但求证后，还真让我打了一个寒战。正是因为给我算命的先生们都有两把刷子，算出来的结果在可以求证的部分都是准而又准，所以我还真信了他们的话。把算命先生们的话总结一下：我可享荣华富贵和名声，但我得不到的是"快乐"这个东西。这结果挺令我抓狂的，我常常在想为什么大家都能有"快乐"，而我没有？终于有一天我想通了，为什么我没有"快乐"？因为那是我的性格所致：严谨、细致、爱钻牛角尖，非要把事情做到尽善尽美，这样的人也许会成功，但怎么会快乐呢？

在了解了快乐于我是个变量的值后，不服输的个性鼓动我去试着改变这一状况。很幸运，经过多年的努力后，现在我可以自信而准确地说自己是一位懂得快乐的Lady，你很好奇我怎么做到的对不对？很简单，就是先"看清"自己，再对症下药！

我的案例是：把事情分类，对不必要的事情不再追逐尽善尽美，遇到"与自己过不去"的时候懂得先缓一缓再回头看，再看时就比较客观，也就不会钻牛角尖了。

看得开，放得下，接受当下的生活哲学是成长树上结的果实，而突破自己宿命的关键是：自我认知！希望你从我的故事中得到一些启发，能发现自己的宿命疙瘩，并能找到正确的解决路径。

精彩的未来，从认识自我开始

本书首页就开宗明义地提到：形象提升的第一步是自我识别中的自我认知，现在重提这一点是为了帮助读者在了解了形象提升的工具之后，能够回到原点——认识自我 (self)，因为要突破自己的"宿命"必须从生活中与自己身上下手：直面命运跟性格有着密不可分的连接，才能帮助自己提升。

基本的程序是：深入地了解自己，弄清自己里里外外是什么状态？自己内心最向往的是什么？之后，以本书中提到的方法和工具开始采取实际行动！

行动阶段大致分为三步

第一步，正视自己，审视自己的性格是否左右了自己的命运，如果是，就把这个性格特征视为自己的疙瘩，立下修正的计划。

第二步，在修正性格的同时，行为模式自然在改变，对自己的新行为模式要有信心，别轻易地让吃酸葡萄的朋友们毁了我们的努力。

第三步，在建立更趋向自己希望呈现的行为模式后，对自己进行系统的形象管理，在仪表部分，考虑适合自己性格的颜色、服饰，以适合自己的仪表打扮来配合自己新面貌、新风尚的持续发展。

完成了这三步，才可说是自己参与了自己的人生，为自己的人生尽了些力。套句俗语来说，我们给自己改了命！

形象提升从来都不是锦上添花的事

形象提升就是在带领一个人从了解自己的不足，到起精进之心。以正确的方式，做更好的自己、追求更好的人生经历。

它不是买几套新款服饰或化妆品就可以达到的，而是得像本书所言：需要了解自己的性格、生活方式及内心的需求，再一边提升自己的不足，一边规划理想的形象，最后的画龙点睛是以适合自己的仪表打扮来配合自己的新面貌、新风尚——做个里外一致的华丽转身。

何不与好朋友约定一起来为自己改命，创造新的自己、新的生活风尚！

附　录

当我们能够了解生存之美与希望的丰硕时，
自己的生命就被赋予了新的意义。
我们不用做别的，
只需要接受和感恩。

最后建言

整理自己的生活，
才是人生中最重大的事！

把自己"最想做的事"拿来先做，每天做，不必计算！

需要做形象提升吗? 答案应该在: 自己的人生追求是什么。

我们该为自己做些什么? 做多少? 这本书中这么多的工具, 我该从何下手? 我最该珍视的是哪个部分?

如果你已经有答案, 那非常好!

如果还不确定, 我有一个建议: 回头看, 从过往/初心来寻找属于自己的正确道路, 回顾过去才能让我们继续往前看。也就是说, 要找到真正的自己, 应从追寻自己的根开始, 沉浸于它的悲喜, 看见它的局限与丰盈。当我们能够了解生存之美与希望的丰硕之时, 自己的生命就被赋予了新的意义。我们不用做别的, 只需接受与感恩。

Weber

Emmy: 老师您好! 当一个好的形象建立之后, 该如何持续维护这个好形象?

梅宝: 形象的价值随着社会形态的改变及自己年龄层的改变, 需要有些调整, 所以它的永恒性是可变的。不过, 一个人内心品质的价值是永远不会改变的, 因此它也就自然地成为"持续维护好形象"的脊梁骨。我这有个比较落地的建议: 让自己经常站在美的旁边, 身在赞叹之中, 活得有趣, 时时保持笑容! 做到这几点, 好的形象自然得以持续维护。

逐: 我一直对站姿的这两个手位十分纠结, 但是查了很多网上的资料, 回答也不一, 我不知道这两个姿势哪个是对的, 或者如果都对, 分别适合的角色和身份有什么不同? 请老师指点。

梅宝: 这是属于肢体语言的问题。两手相握, 基本上是等待的姿势 (等待为你服务, 等待你的吩咐), 至于手握得高或低, 与国情文化有关也与自己的身份地位有关, 基本上, 握手的落点位置比较低是较悠闲的姿态, 位置较高是比较有行动力的姿态, 例如, 服务姿态。

瑶: 老师好! 跟您咨询个问题: 西餐的餐前面包是每个餐厅都会上的吗? 上来一定就要吃掉吗? 可否在吃前菜的时候再吃?

梅宝: 正式的西餐厅, 都会在用正餐前送上面包。通常, 面包送上来的方式有两种, 一种是服务人员挨个服务, 每个人可以选择自己要的面包种类与数量, 另一种是面包装在一只面包篮里, 由最靠近面包篮的人拿起来, 先请他左手边的人挑选一个面包, 再自己拿一个面包, 然后从右手边传递下去。面包倒不是一定要吃完, 不过如果你根本不吃面包就不要拿。至于吃前菜的时候是否还可以把面包留下来继续食用, 答案是: 是的!

Jack: 老师好。我是一个很要面子的人, 不知道要如何推荐自己? 这个问题一直困扰着我, 请老师帮忙解答!

梅宝: 有可能在推荐自己的同时还能顾得上面子又能显出自己的实力吗? 答案是肯定的!

诀窍就在: 给别人肯定的同时就是给自己肯定! 我们可以这么做: 从夸奖别人开始再含蓄地介绍自己。例如, 说谁曾经启发了你、影响了你, 他为你做了什么 (简短地说)。试试看这样推荐自己, 你会发现这个方法真是很神奇。

Yishui: 老师, 您好。请问要如何选择粉底的颜色? 另外粉底有修饰轮廓的功能吗? 或者有什么讲究和效果吗?

梅宝: 首先我们要明白粉底扮演的角色应该是修饰脸部不均匀的肤色, 而非改变属于自己的自然皮肤颜色, 所以要选用和自己皮肤颜色最接近的粉底色。对于没有完美脸型的人, 可以考虑多买一到两

个粉底，浅色的粉底会有膨胀突出的作用，深色的粉底有削减打出阴影的作用。比如颧骨较为突出脸颊瘦削的女士，可以先用属于自己肤色的粉底均匀整个面部，再用相同颜色但浅一二级的粉轻轻打在凹陷的部分，就能改善脸型轮廓。至于脸型比较大一点的女士，可以用相同的颜色但是深一号或两号的粉底打在脸的周围及双颊，做成一种阴影的感觉，起到修饰作用。赶紧试试看吧！要把粉底打得薄、打得亮可是需要多多练习的一门手艺呵！

Helen: 请问老师是否一定要出过国才算是国际化？提升形象是件很难的事情吗？

梅宝: 这是一个很好的问题，其实国际化与出国没有直接的关系。因为虽然人到了国外，比较有机会接触实际经验，但是如果对周围的事情没有较高的敏感力和观察力，就算人在国外也是学习不来的，倒不如在国内先好好研究一下文化差异这件事。让我举几个例子来说：在剧场，我们通过正在看节目表的群众面前，对切断别人视线的事实全然没有知觉；在走道上群聚讨论，阻挡了别人的去路，也没有意识……这些看起来很平常的事情，在西方社会可是会列入没有礼貌的行为呢！

如果我们能好好思索一下：为什么我们不觉得这是个问题呢？就能了解到，不同社会环境有着不同的社会价值观和标准，就好比遇到事情我们会先考虑自己的方便是直觉的正常反应，但大部分的西方人会直觉地对"是否给了别人方便"这事儿想得多一些……当我们意识到、理解到在不同社会价值观的环境里会有不同的做人处世标准时，就是正在国际化了。

因此，国际化的正确途径是建立基础的文化感知，当我们对不同文化的大环境有所了解时，就算是有了国际观！

Ms.O: 老师，您好。平时因为总要拿着电脑，常常需要背着背包，但是那样感觉与套装服饰很不搭，不知道什么样的大包包可以装电脑又可以搭衣服，还显得很知性呢？请老师建议。

梅宝: 每个人的品位和需求不一样，以我来说，在工作中我需要电脑、讲义、文具和一些轻便的用品，出门时我选择使用又轻又小的 Apple MacBook 电脑，所以，在尺寸上，中型皮包就够用了。至于皮包的款式与风格，我的穿着偏向经典款，看起来比较正式，所以，选择公文包的考虑点为：看起来正式、不笨重又能承担重量。我通常会选择式样简单的单色中型小牛皮包，除了要硬挺，容量够大，我还会要求有拉链，长相与颜色都不能看起来笨重，如果是能手提又能肩背的那一种就更好啦。

虽然我对公文包的要求非常清楚，但对没用过的品牌，我会先买一个包来用一下，如果合适，再用相同的目标寻找其他颜色。一般来说，工作中使用的包包有黑色、灰色和米色这三个基本颜色就绰绰有余了。

欧阳: 老师，您好。我有时候会感到非常憋屈、郁闷，就是跟朋友在交谈过程中屡屡感到被剥夺话语权，经常没有表达完自己的看法时就被一次次抢了话题，而且这样的情况持续时间很长频率很高，无论我怎么明确提醒、要求甚至"抗议"这样的交流方式，一律无效。内心有不被尊重的感觉，久而久之，我就真的蛮害怕进行这样的交流，甚至想回避。不知道以后再碰到这样的情形我该如何去处理?

梅宝： 对于你说的情形我非常理解! 所谓畅快的交流必须是"彼此"被关注和被听到，有来有往。你的情形从积极面来说，那些爱占你便宜的人一定觉得你是一个非常容易交流的人 (因为你把"听的艺术"发挥得很好)! 不过你并不以此为乐，所以这种单向的交流方式会带给你不必要的负面情绪。对于这个痛点，我建议不要放弃交流，但是要找个合适的方法来表达自己的观点。所谓合适的方法要分两种情况：1. 面对面的交流，建议在插话的时候先用简要的语言概述对方的观点，这时对方会感到被认可，势必会有兴趣继续听你讲，然后再开始表达自己的想法或者观点；2. 如果是电话沟通，建议先说：了解。那你先休息一下，让我说两句……或者用反问法：请问你说完了吗? 然后直接了当表达自己的观点。如果对方还是不给你机会，你大可以直接却心平气和地表示：抱歉! 我可能不是一个好听众，因为我比较有兴趣的是交流。

傅先生： 老师，您好。是否可以介绍一下各种葡萄酒酒杯的用法和拿法? 谢谢。

梅宝： 关于酒杯的用法和拿法，从专业角度来讲是个大学问，需要长的篇幅来阐述。我先谈谈关于酒杯与用法的基本概念：不同的酒

有不同的特性, 应该要用不同的酒杯。用一个酒杯来品所有的酒, 不能说不可以, 只能说是勉强。像勃艮第酒杯 (burgundy glass), 是用来盛一种可以高雅也可以浓郁的葡萄酒, 如Pinot Noir, 为勃艮第所设计的酒杯不如波尔多酒杯 (Bordeaux glass) 高, 但酒杯肚比波尔多酒杯大, 这种设计不但考虑到醒酒与聚集香气, 也考虑到饮用的效果: 更好地引导我们的舌尖直接地、适量又全面地接触葡萄酒。那最初的触碰让我们得以敏锐地去品、去体验它细致及多层次的风味。通常, 酒接触空气的面积大时, 如在我们晃动酒杯的时候, 酒会接触到更多的空气, 加上杯口是缩起来的, 酒的香气被很好地保留在杯中, 所以, 在我们将酒杯送到口的刹那, 酒香完全集中地冲进我们的鼻孔, 由鼻孔内的神经传递到我们的大脑。而我们喝的那口酒也同时经由舌尖而下, 酒本身的香氛与口味信息能同时传达到大脑, 让我们能针对性地品味这类葡萄酒的特色与质感。希望以上的解说能让你了解用不同的酒杯喝不同葡萄酒的目的, 也希望能够引起你的兴趣, 去做更多的了解。

至于如何拿酒杯, 请参考图片。不论是白葡萄酒还是红葡萄酒, 对温度都是相当敏感的, 为了不让手指的温度改变酒的温度, 要避免手指碰到酒杯的杯身。

Mr Chen: 老师, 您好。口袋巾的颜色和款式该如何搭配? 谢谢您。

图一   图二

梅宝: 通常会添加使用口袋巾 (也叫抖骚) 的人是比较时尚或者在性格上乐于也善于表达的人士, 所以在用色上可以活泼一些, 以凸显个人的气质。我这有两个搭配的样本, 应该能给你一个明确的方向。

一、以高明度的西装外套搭配白色衬衫时, 因为两者明度都高, 领带颜色的最佳选择是与西装外套颜色相同但是低明度的颜色 (如图一, 亮紫色的西装外套配暗紫色的领带), 这种情况下, 口袋巾的颜色当然是跟着衬衫的颜色走啦。二、如果想表现沉稳的绅士风格, 我建议采用传统的配色: 口袋巾的颜色跟着领带走。但当领带的颜色与西装外套非常相近, 只是深浅不同时 (如图二), 这种整体颜色太相似的配色可以是和谐也可以是沉闷, 打破沉闷僵局的方法是: 使用有花色的口袋巾。例如, 选择介于领带与西装之间的中间色为底色, 上面佐以不同颜色的花式, 如圆点、线条或小图案, 都可以使整体风格鲜活起来。

结论: 西装颜色比较强烈的时候可以用颜色比较明亮的口袋巾, 西装颜色比较柔和的时候, 建议使用花式或混合色的口袋巾来增添一些个人风格。

Miss Ye: 老师, 您好。请问如何选择眉笔的颜色呢?

梅宝: 关于眉笔的颜色, 如果你有一头黑发, 深灰色或者深棕色是理想的选择; 如果经常染发、变换颜色, 或者想看起来时尚, 中、浅级的棕色应该能吻合需求。眉毛代表的是一个人的性格, 有些人脸上的角度很多或者浓眉大眼, 给人一种"凶"的感觉, 可以用浅一点的眉毛颜色来创造柔和的视觉效果, 浅棕色会是不错的选择。眉笔的功能除了可以在原有的眉毛上描出自己理想的眉形外, 也扮演着填补眉形空缺的角色。画眉是为了美化眉形, 能画出自然眉形最好, 为避免有明显的眉线, 眉笔颜色浅一点比较合适。在画眉完成后如果觉得颜色太浅, 可以刷上同色或较深的眉粉, 多刷几次颜色就深了。所以眉毛的颜色最后是以眉粉来完成的。如果想画出一个比较立体的眉毛, 眉粉的颜色可以使用深浅两色。

Mr Guo: 老师, 您好。今天有国外客户(女性)给我行贴面礼, 当时我傻了, 木在那里, 人是直立的, 没有回礼。事后我一直在想, 那个女客户的心里估计也是崩溃的。希望老师能解说一下, 碰到这种情况我该怎么做? 谢谢您。

梅宝: 首先我要说明所谓贴面礼只是双方脸颊轻轻相贴, 并非亲吻对方的脸。但是有些国家的文化风俗在贴脸的同时也会发出那种亲吻的声音, 并非真的亲吻, 至于是贴几次脸或者发出几次亲吻的声音又因文化风俗而异。在美国贴脸就是一边, 而欧洲是左右各一, 有些欧洲和中东国家是以贴面的次数，表示两人关系的亲密性。如，血亲相见可能是左右各三下。不过，在欧美你也会看到、遇到真的亲吻上脸颊的贴面礼，这是以交情的深浅和热情的程度而定。

所以，当别人主动行贴面礼的时候，我们最好留意一下：贴了一边脸后，撤回来的动作要慢，多半就能够应变得过来，不论是换边再贴一下，还是完全撤回来都成。另外，行贴面礼之后接着就要寒暄，而不是贴过热热的脸之后，就冷场了……

Mr Wang: 梅宝老师，我不确定我要问的问题是否与形象有关。但是在参加您的讲座时深刻地觉得您与听众的互动非常好。所以想向您请教：身为一位人力资源总监，在推动公司新政策计划的说明会时，我应该注意些什么事情？

_梅宝:_ 这是一个很好的问题！首先，我借这个机会来说明一下大部分人都不清楚的"形象管理"。形象管理涵括的内容非常广，涉及五个学术领域范畴，并非只是穿衣打扮、行为举止等。你询问的说明会演讲之事，它既涉及演讲技术也涉及形象管理五大领域中的沟通与营销技巧，那我就从我的专业角度来分享一下我的看法。

一个有感染力、说服力的演说也像所有的演讲一样：你要有令人注目的开场，清楚有力的主体及令人印象深刻的结尾。想要说得有感染力，那更要注重情感的传递。举个例子：如果你谈的是一个新计划，先解释这个计划的必要性和计划是什么，然后告诉受众这个计划的好处是什么。这个部分最好是以情感人词来激发听众的荣誉感及专业精神，并阐述为什么不加入新计划的人在汰旧换新的过程中是会被自然淘汰的, 而加入新计划的人不但能够享受学习新事物的快乐, 也是与公司手把手地向更大的成功迈步。然后, 再一次以鼓舞、激励和承诺实践这个计划作为结论。若能掌握住这些细节, 演讲的感染力会自然地呈现出来, 你不妨试试看。

Mr Lin: 梅宝老师, 您好。我有个问题: 我与关系好的人很健谈, 但对于那些刚认识或者陌生的人, 我很难开口, 即使我很想和他认识, 我也不知道如何与他们交流。我想改, 但我不知道怎么办?

梅宝: 这是一个沟通中"如何破冰"的问题。破冰的技术基本上要掌握三个要诀: 一、从赞美对方开始。找出对方值得赞美的事情或东西, 因为从赞叹开始, 没人会拒绝你。例如: 哇! 你的戒指真好看! 切记: 赞美的主题必须要有一点真实性, 否则对方会以为你是在嘲讽。二、先介绍自己。例如: 真不好意思! 这样是不是太冒昧了? 我姓陈, 就在这栋大楼上班。切记: 在没有介绍自己之前不可以问人家叫什么名字。三、以开放式的说话技巧开始交谈。例如: 你是怎么找到这么漂亮的一只戒指的? 而不是: 你也常来这边买咖啡吗? 因为如果对方回说是或不是时, 这个话题就结束了。所以要用"开放式的说话技巧", 让对方的回复必须有内容……嘿嘿, 交流式的谈话就从这里开始了!

Miss Li: 老师, 您好! 我想寻求改变! 我知道自己有点放纵自己, 还像小孩一样说话和处理事情。我一直觉得蛮好的, 直到这几年, 我开始感到受挫, 而且越来越严重。例如: 我总觉得自己比别人差 (说白一点, 我觉得自己好像总是比别人矮一截)。我经常看您的文章, 在文章中我得到鼓励和启发, 开始感受到自己应该要去成年人的世界看一看了。第一步不太敢走，又想去试一试，我想请老师帮助我。

梅宝： 自觉是治疗的开始，但是自觉是最困难的一步！你现在看到自己的不足并且想要去改变，这很重要的一步已经踏出来了！可喜可贺！

这里有一个"行为改变"的模式应该可以帮助到你：1.跟你想成为的那种人做朋友！抓住所有的机会跟你想要学习的对象在一起，多观察、多模仿，把视觉印象牢牢记在心里。2.以跨出自己安全区的方式来增强自己的信心与胆识！例如，规定自己每周至少一次去不同的场合、做不同的事，刚开始会不自在，重复做几次就很自在了；这种从行动中得到的成就和鼓励可以帮助自己更有信心去尝试新的事物，形成一个正向的循环。3.自己给自己创造一个新的印象！例如，找一位专家或者非常会打扮的朋友帮你从头到尾打扮起来，多拍几张照片，选一张"大家"都喜欢的照片放在手机和电脑的桌面上；经常客观地看着现在的你（照片）问自己：这样的一个人她会怎么说话？她会怎么想事情？（这是很重要的心理暗示，可以帮助自己跨出原有的自我印象范围。）

你愿意求教，就是成功地走出了第一步！接下来，就是实践以上三个步骤，不要停，继续往前走，前面就是满满的收获！让我先恭喜你！

References:

Wallis Simpson, by The Editors of Encyclopedia Britannica Britannica
Wallis Simpson, from Wikipedia, the free encyclopedia

Exquisite Facts About Gloria Guinness, by Dancy Mason
Gloria Guinness, from Wikipedia, the free encyclopedia

How to Be Elegant, by Tomi Claytor / wikiHow and Co-authored
6 Steps to Discover Your True Self, by Adam Smith / Success Maga-
zine, November 17, 2016

感谢:

厦门咏仕服饰品牌方提供产品图片支持。

Mondrquant品牌方陆擎和曹霖提供产品图片支持。

叶海燕和李诗春在写作过程中给予的协助。

图书在版编目（CIP）数据

看见：重塑一个全新的自己 / 梅宝著. — 成都：四川人民出版社, 2023.5
ISBN 978-7-220-13184-4

Ⅰ.①看… Ⅱ.①梅… Ⅲ.①人物形象－设计 Ⅳ.①B834.3

中国国家版本馆CIP数据核字（2023）第054004号

KANJIAN: CHONGSU YIGE QUANXIN DE ZIJI

看见：重塑一个全新的自己

梅　宝　著

出 版 人	黄立新
责任编辑	王 雪
装帧设计	徐文睿
责任印制	祝 健
责任营销	王其进
出版发行	四川人民出版社（成都三色路 238 号）
网 址	http://www.scpph.com
E-mail	scrmcbs@sina.com
新浪微博	@ 四川人民出版社
微信公众号	四川人民出版社
发行部业务电话	（028）86361653 86361656
防盗版举报电话	（028）86361653
照 排	偏旁工作室
印 刷	四川新财印务有限公司
成品尺寸	142mm × 210mm
印 张	9.5
字 数	256 千
版 次	2023 年 5 月第 1 版
印 次	2023 年 5 月第 1 次印刷
书 号	ISBN 978-7-220-13184-4
定 价	98.00 元